专业化妆师系列　总主编/吴帆

色彩设计

普通高等教育“十一五”国家级规划教材

主　编　吴　帆

上海交通大学出版社

内 容 提 要

本书为专业化妆师系列之一。

本书介绍了简便易学的色彩基础知识及搭配系统，从简单的基本色彩知识着手，根据该学科的特点分析个人形象的配色关系以及色彩在形象设计专业中运用的独特方法。其次根据人的自然色调，将其按春、夏、秋、冬四大色系进行分类，并诊断季型。最后就服饰的整体色彩搭配进行指导。

通过本书的学习可以使学生从形象色彩设计的理论体系中吸取实用的色彩运用和搭配技能，开发色彩强大的利用价值，学会从色彩上为人的形象创造附加价值。

本书适用于人物形象设计、服饰设计及相关专业的学生以及从事人物形象设计行业的专业人士。对于非专业的读者，也有助于提高其自身的色彩搭配能力，把握好自身的服饰配色水平。还可作为相关职业技能培训用书。

图书在版编目(CIP)数据

色彩设计/吴帆主编. —上海:上海交通大学出版社,2012

(专业化妆师系列)

ISBN 978-7-313-08829-1

Ⅰ. ①色… Ⅱ. ①吴… Ⅲ. ①化妆-色彩-设计-高等职业教育-教材 Ⅳ. ①TS974.1

中国版本图书馆 CIP 数据核字(2012)第172412号

色 彩 设 计

吴 帆 **主编**

上海交通大学出版社出版发行

(上海市番禺路951号 邮政编码200030)

电话：64071208 出版人：韩建民

上海华业装璜印刷有限公司印刷 全国新华书店经销

开本：787mm×960mm 1/16 印张：8.75 字数：186千字

2012年8月第1版 2012年8月第1次印刷

印数：1～3030

ISBN 978-7-313-08829-1/TS 定价：58.00元

序

作为人物形象设计专业的基础教材《化妆设计》一书自2004年出版以来，受到各大艺术院校、专业化妆培训学校、各地专业人士及爱好者的广泛关注和认可，并先后于2006年、2008年和2011年再版，由此可见，中国形象设计行业在迅速地发展。

诚然，行业的迅速崛起让我们作为行业的教育工作者感到兴奋；但同时，社会的压力和责任感也随之而来。随着中国人物形象设计行业的发展，化妆师的需求日益专业化和个性化，商业形象设计的需求市场已经不再是简单满足于建立在传统化妆审美与传统化妆技法的知识结构下的化妆设计作品，而开始转向追求更加新颖的、个性化的、富有创意的化妆造型表现形式，这就使得我们提供给化妆师的教材内容不能再局限于只是传授传统的化妆基础知识和基础技法了，富有个性化的、时代感强的化妆教学实训教材将备受关注和需求。基于此，我与上海交通大学出版社策划编辑范荷英副编审自2009年就开始策划此类教材，希望它成为既能够满足专业院校化妆课程的实践教学，又能够为专业培训机构提供专业化的、适用性更强、时代感更强的系列化的实训教材，从而使学员进入社会以后能够更快地融入市场，并创作出符合市场需求的好作品。

“专业化妆师系列”就是在这样一个背景下诞生的，内容是依据国家化妆师的职业标准，以《化妆设计》、《发型设计》、《色彩设计》、《服饰设计》为本系列的基础，在《生活化妆》、《新娘化妆》、《时尚化妆》、《摄影化妆》及《影视、舞台化妆》等几大实践领域，以实操案例的形式展开，循序渐进地传授化妆的技法，同时传递当代时尚审美的趣味和风格，真实、详细、完整地再现了每一个主题化妆造型的全过程，使得教材的实用性更强、适用面更广，当为我国第一套系列化的化妆实训丛书。

当然，时尚审美的概念和标准具有更新快、变化快的特点，所以，实训教材的更新换代也是一个不容回避的现实。我们编辑组将根据时尚发展趋势，结合我国化妆类专业院校和各大培训机构的特点和需求，周期性地调整和更新这套实训教材的内容，使之具有时尚感、时代感的特点，以满足广大市场的需求。

吴 帆

前　言

化妆设计是一门新的学科，构建和规范课程体系将为化妆设计行业人才的培养提供必要的保证，也将为中国化妆设计行业的发展提供专业化、科学化的方法和思路。

由于中国化妆设计业起步较晚，化妆设计教学也相对滞后。自20世纪90年代末，部分大专院校才陆续开设了人物形象设计专业。目前，从业人员主要分为三大类：第一类是从事影视化妆技术的工作者，如影视化妆师、舞台化妆师等；第二类是从事美容美发行业的工作者，如美容师、美发师等；第三类是从事时尚及生活形象指导的工作者，如形象顾问、色彩顾问等。在第一类从业人员中，有来自相关院校影视化妆专业的毕业生，以及大量的短期班学员；而在第二、三类从业人员中，几乎都是来自美容美发机构的培训班学员，他们大多没有学历，文化程度低。这就造成了行业整体素质偏低，专业人员偏少的现状。化妆设计是一种创造美的职业，良好的审美修养是对行业从业人员的基本要求，培训机构只是进行技术培训，而忽略审美素质的培养；专业设计院校的毕业生比例低于从业人员总人数的百分之一，这都是很不正常的现象，必然会阻碍化妆设计业的正常发展。

由于专业市场的不规范，特别是专业技术人员的专业素质培养环节薄弱，有关人物形象设计的、实用性强的专业理论及实训类教学用书尤其显得不够规范，且不系统化。为此，我们针对行业的职业技能要求标准，编写了实用性、专业性强的“专业化妆师系列”教材。《色彩设计》作为其中之一，在研究色彩与人体、色彩与服装、色彩与观念、色彩与风格领域，详细诠释了专业化、系统化的整合概念和操作方法，实用性及理论程度均达到了专业化人才培养的要求。

由于时间紧迫，有不尽人意之处，还望业内外人士批评指正。本丛书中采用了大量国内外优秀的、适合教学的化妆造型及服饰参考图片，绝大多数均在参考文献中标明出处，如有疏漏，敬请谅解。

编　者

目 录

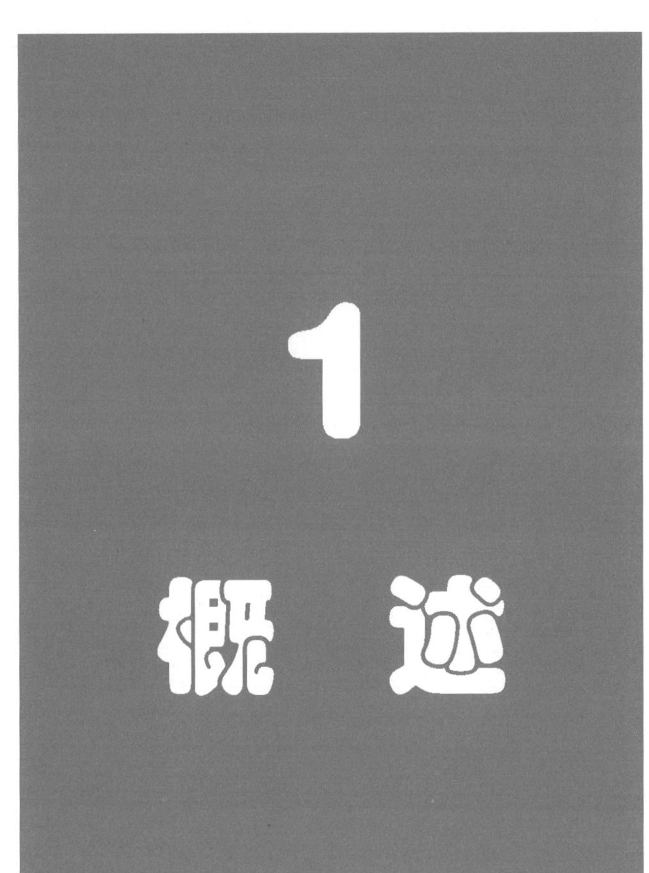

色彩的基础知识
色彩的重要性
色彩与形象的关系
色彩搭配的基本技巧

1.1 色彩的基本知识

1.1.1 色彩的形成

在五光十色、绚丽缤纷的大千世界里，色彩作为一种最普遍的审美形式，使宇宙万物充满情感，并且显得生机勃勃。色彩存在于我们日常生活的各个方面，衣、食、住、行、用，人们几乎无处、无时不在与色彩发生着密切的关系。人类把大自然色彩的启示与自然或人工色料结合起来，使得我们的生活更加多彩多姿。

人类对颜色的使用，最早是在15万～20万年以前的冰河时期。在原始时代的遗址中发现，与遗物埋在一起的有红色的土及涂了红色的骨制器皿，这是古人在劳动中用美丽的颜色表达自己情感的原始创作。原始人将红色作为生命的象征，他们认为红色是鲜血的颜色，他们使用红土、黄土涂抹自己的身体，涂染劳动工具，以表达对种族的崇拜，蕴涵征服自然的意念。这一现象在原始文化、图腾艺术中均有记载，甚至现在的印地安人等土著部落中仍保留了这一原始的痕迹。

美国光学学会色度学委员会对颜色作了如下定义：颜色是除了空间和时间的不均匀性以外的光的一种特性，即光的辐射能刺激视网膜，使观察者通过视觉而获得的景象。在我国的国家标准中，对颜色定义为光作用于人眼引起除形象以外的视觉特性。人类对色彩的认识源自感觉。客观世界的光和声作用于感觉器官，通过神经系统和大脑的活动，我们就有了感觉，对外界事物与现象就有了认识。色彩是与人的感觉(外界的刺激)和人的知觉(记忆、联想、对比等)联系在一起的。色彩感觉总是存在于色彩知觉之中，很少有孤立的色彩感觉存在。

人的色彩感觉信息传输途径是光源、有色物体、眼睛和大脑，也就是人们色彩感觉形成的四大要素。这四个要素不仅使人产生色彩感觉，而且也是人们能正确地判断色彩的条件。在这四个要素中，如果有一个不确定或者在观察中有变化，就不能正确地判断颜色及颜色产生的效果。光源的辐射和物体的反射属于物理学范畴，而大脑和眼睛却是生理学研究的内容，但是色彩永远是以物理学为基础的，而色彩感觉总包含着色彩的心理和生理作用的反映，使人产生一系列的对比与联想。

总之，色彩感觉不仅与物体本来的颜色特性有关，而且还受时间、空间、外表状态以及该物体的周围环境的影响，同时还受各人的经历、记忆力、看法和视觉灵敏度等各种因素的影响。

1.1.2 色彩的种类

据调查，人类肉眼可以分辨出的颜色多达1000多种，若要细分它们的差别，或命名这些色彩，是十分困难的。因此，色彩学家将色彩以其不同属性来进行综合描述。要理解和运用色彩，必须掌握色彩归纳整理的原则和方法，而其中最主要的是掌握色彩的属性。

色彩分为无彩色和有彩色两大类。无彩色包括黑、白、灰色，如图1.1所示。我们从光的色谱上见不到这三种色彩，色度学上称之为黑白系列。然而在心理学上它们却有着完整的色彩性质，在色彩体系中扮演着重要的角色，在颜料中也有其重要的任务，例如当一种颜料混入白色后，会显得明亮；相反，混入黑色后就显得比较深暗；而加入黑与白混合的灰色时，将失去原有的色彩。有彩色是指光谱上显现出的红、橙、黄、绿、蓝、紫等色彩，以及它们之间调和的色彩(其中还包括由纯度和明度的变化形成的各种色彩)。

光谱中的全部色彩都属于有彩色。有彩色是无数的，如图1.2所示。有彩色以红、橙、黄、绿、蓝、紫为基本色。基本色之间不同量的混合，以及基本色与黑、白、灰色之间不同量的混合，会产生成千上万种有彩色。在有彩色中，红、黄、蓝是三原色，这是因为所有其他的颜色都可以由混合其中的两种或两种以上的原色而得到。然而，红、黄、蓝不可能通过混合它们本身的颜料而获得，在这种意义上，我们称其为原色。

原色和间色包括了光谱中所有纯色的颜色，这些颜色被称为基本色。绿色、橙色和紫色属于间色，它们由两种原色的颜料混合而成，如图1.3所示。

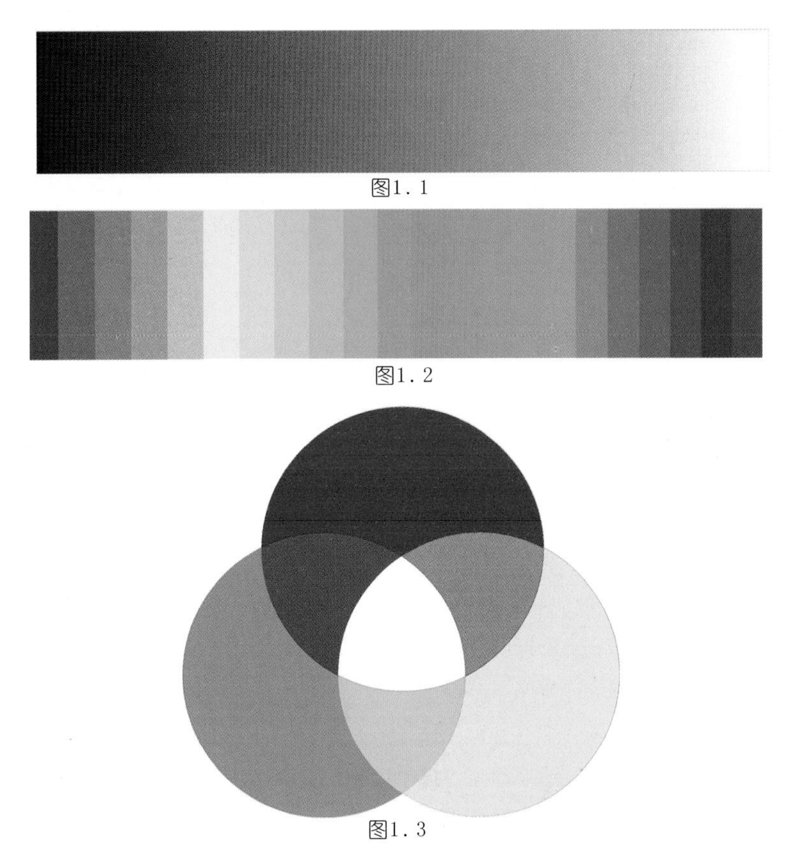
图1.1

图1.2

图1.3

1.1.3 色彩的属性

在中性灰色的底纸上分别贴上形状相同、大小一样、肌理一致、与观察者的距离也相同的红、黄、蓝三原色，结果给人的感受是截然不同的。

首先被视觉注意的是黄色，因为它最明亮、最醒目；其次是红色，其鲜艳程度最高，显得扩张、突出；最后是蓝色，相对暗淡，有远逝、收缩的感觉。可见，色彩具有三种属性，即色相、明度、纯度。

1.1.3.1 色相

色相指色彩的不同相貌、名称。有彩色就是红、黄、蓝等几个色相，色相由于不同波长的光波而给人以特定的感觉是不同的，将这种感受赋予名称，有的称红，有的称绿等，色相是色彩三属性中最积极、活跃的因素。

最初的基本色相为：红、橙、黄、绿、蓝、紫，在各色中间插入1～2个中间色，按光谱顺序排列，分别为：红、橙红、黄橙、黄、黄绿、绿、绿蓝、蓝绿、蓝、蓝紫、紫、红紫，即为十二基本色相。这十二色相的彩度变化，在光谱色感上是均匀的，如果进一步再找出其中间色，便可以得到二十四色相；如果再把光谱的红、橙、黄、绿、蓝、紫诸色带首尾相连，以环行排列，即构成环形的色相关系，称为色相环。基本色相间取中间色，即得十二色相环，再进一步便是二十四色相环，如图1.4所示，图中外圈便是二十四色相环。色相环上距离的长短、角度的大小决定色相间的对比，距离越近，角度越小，对比的效果越弱，反之越强。

色彩亦有冷、暖之分。蓝色系列，如蓝色和紫罗兰等都属于冷色；红色系列，如红色、橙色和黄色等则属于暖色。

1.1.3.2 明度

明度是指色彩的明暗深浅程度。各种有色物体由于它们的反射光量的区别而产生色彩的明暗强弱。色彩的明度有两种情况：一是同一色相不同明度。如同一颜色在强光照射下显得明亮，弱光照射下则显得较灰暗模糊；同一颜色加黑或加白也能产生各种不同的明暗层次。二是各种颜色的不同明度。每一种纯色都有与其相应的明度。黄色明度最高，蓝紫色明度最低，红、绿色为中间明度。明度在色彩的三要素中起着重要的核心作用，它能表现色彩的明暗层次变化，能有效地表达物体的空间

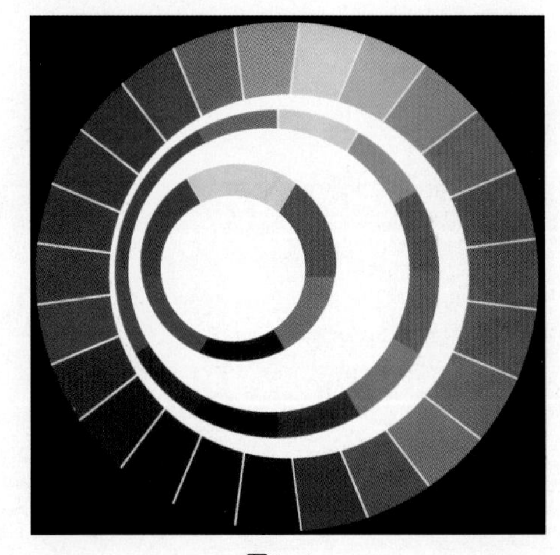

图1.4

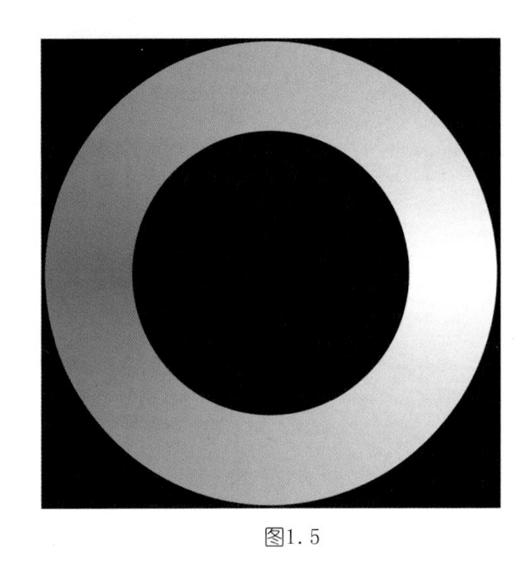

图1.5

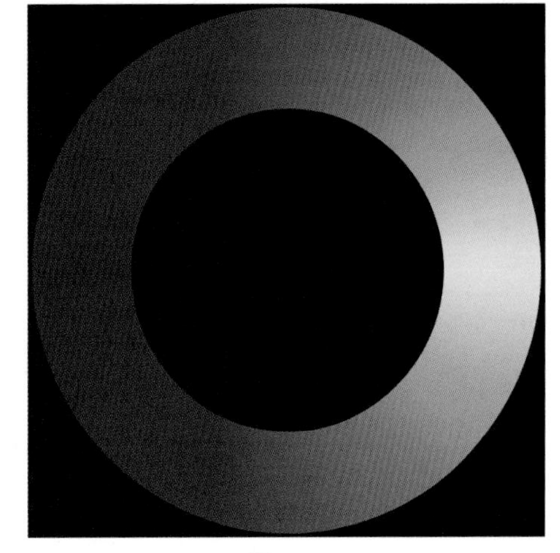

图1.6

感、立体感，能表现光与影。图1.5表现的为蓝色的明度变化。

1.1.3.3　纯度

色彩的纯度(又称彩度)是指色彩的纯净程度，它表示颜色中所含有色彩成分的比例。比例越大，则纯度越高；比例越小，则纯度越低。当一种颜色加入黑或白色时，纯度就会发生变化，也就是说，色彩的明度变化往往影响到纯度。如：红色加入黑色以后明度就降低了，同时纯度也就降低了；如果红色加白色，则明度提高了，而纯度却降低了；又如：粉红色的围巾接近白色，可以确定它是高明度，如果是一条低明度的红色围巾，当然是暗红色无疑了。图1.6为黄色由浅到深的纯度变化。

纯色的彩度最高。当加入的另一种色彩的比例达到很高时，在人的肉眼看来，原有的颜色将几乎失去本来的光彩，而变成混合的颜色了。当然，这并不等于说在这种混合的颜色里已经不存在原来的色素，而是由于大量地加入其他的颜色使原来的色素被同化，人的眼睛已经无法分辨出来。

色相、明度、纯度是色彩中最重要的三个要素，也是色彩最基本的构成要素。这三种要素虽有相对独立的特点，但又相互关联、相互制约、不可分割，只有色相而无纯度和明度的色彩是不存在的；同样，只有纯度而无色相和明度的色彩也是不可能的。因此，在认识和应用色彩时，必须同时考虑色彩的三个要素。

无彩色系没有色相和纯度，只有明度的变化。色彩的明度可用黑白度来表示，明度越高，越接近白色；反之亦然。

黑、白、灰色在颜料的调色过程中扮演着重要的角色，在技法上可以展示色彩的丰富性，无彩色系通过由白或黑的渐变可呈现梯度层次的灰色。只有有彩色才具备色彩的三大要素：色相、明度、纯度。有彩色与黑白灰不同比例调配出的色彩仍属有彩色。无彩色仅有明度的变化，但它可以极大地丰富有彩色系的色彩层次变化。

在色彩的概念中，还有一个常用的名词，即色调。色调是指整体色彩外观的重要特征和基本倾向。色调由色彩的明度、色相、纯度三要素综合构成，其中某种因素起主导作用，就可以称为某种色调。从色相上来看，有红色调、蓝色调等；从明度上来分，有明色调、暗色调等；从纯度上分，有鲜色调、灰色调、深色调；从色彩的感情因素上来分，有冷色调、暖色调。

个人形象设计中的色调在一定程度上体现设计者的审美情感。如果把一种冷色加到另一种冷色上，结果产生一种冷色调的颜色；同样，如果把一种暖色加到另一种暖色上，结果就产生一种暖色调的颜色。如加了蓝色的绿色就是一种冷色调的水绿色，而加上黄色的绿色就是一种暖色调的黄绿色；又有加上蓝色的红色是一种冷色调的紫红色，而加上黄色的红色则是一种暖色调的橙红色等。

1.1.4　色立体

所谓色立体，是把色彩的三要素，系统地排列组合成一个立体形状的色彩结构。

色立体对于整体色彩的整理、分类、表示、记述，以及色彩的观察、表达、有效应用都有很大的帮助。如图1.7所示为色立体的基本结构，即以明度阶段为中心垂直轴，往上明度渐高，以白色为顶点；往下明度渐低，直到黑色为止。其次由明度轴向外做出水平方向的彩度阶段，愈接近明度轴，彩度愈低；愈远离明度轴，彩度愈高。各明度阶段都有同明度的彩度阶段向外延伸，因此，构成某一种色相的等色相面。以明度阶段为中心轴，将各色相的等色相面，依红、橙、黄、绿等顺序排列成一个放射状的结构，便形成所谓的色立体。

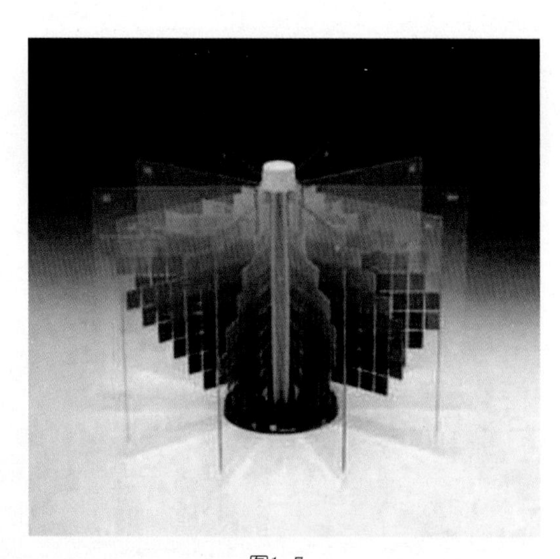

图1.7

1.2　色彩的配色关系

服装的色彩、妆容的色彩等都是随个人喜好而定，但是，颜色单独被看到，或被单独使用的情形则比较少。

大概是因为色彩太多的关系，配色在色彩的处理上被认为是最困难的课题。同时，由于并置的颜色有时候会欺骗眼睛，因此，使配色显得难上加难。

色彩的搭配是因人们的选择而存在的。现实生活中，每个人的整体形象往往是各种各样的色彩组合的感觉。而且同自然环境和人的心理环境相适应，形象设计中的配色活动也是一种创造性的审美活动。

任何一种色彩，在人的内心世界都能点燃形象思维的火花，仁者见仁，智者见智，从而产生不同的色彩来塑造自我。所以说，形象设计中的色彩选择就是配色，通过色彩视觉规律的利用，达到肤色、体态和整体的色彩美的统一，利用色彩来强化、美化人物的形象气质，弥补不尽人意的缺陷。色彩搭配形式是人们个性、文化修养、经历的表达方式，也是一种人格和思维的表达方式。通常情况下，不论形象设计还是其他设计，色彩的对比与调和是色彩的美感统一而对立的两个方面，他们互为存在条件。色彩对比过于强烈，会产生刺激的效果。调和失去对比，又显得毫无生气和个性。因此，色彩的搭配从以下两个方面来分析。

1.2.1 色彩的对比

两种色彩并置在一起时，相互之间就会有差异，就会产生对比。色彩有了对比，才更会显得丰富。色彩搭配不但可以根据其不同属性进行对比分类，还可以进行以下各类对比，都会有其独特的效果。色彩在形象上的对比，有面积对比、位置对比、肌理对比等。色彩在心理上的对比有冷暖对比、干湿对比、厚薄对比等。色彩在构成形式上的对比有连续对比、同时对比等。

一种色彩与其他色彩同时进行比较时，不但展现了自己的审美价值，同时也形成色彩的对比组合之美。在这个意义上，要掌握色彩美的视觉规律，就必须去认识色彩情感效果的千变万化，研究色彩对比的特殊性，认识对比色彩的特殊个性，进而创造具有独特效果的色彩组合设计。图1.8就是从色彩的三大属性的对比来进行分类对比的。

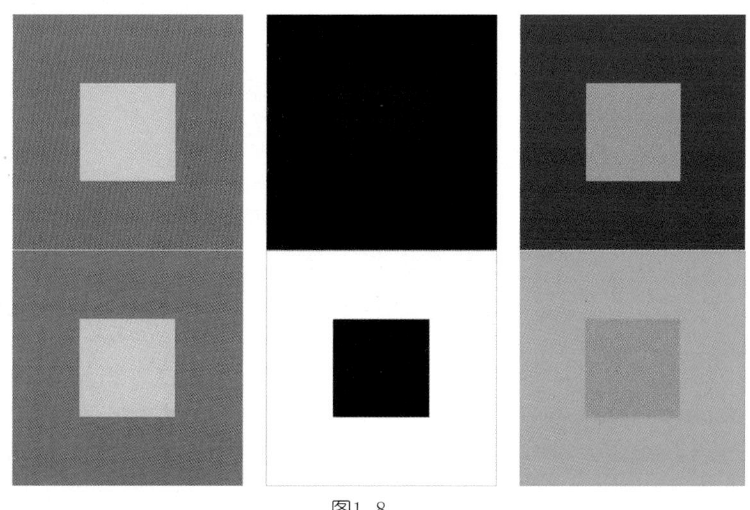

图1.8

1.2.1.1　明度对比

因色彩明度的不同而形成的色彩对比称为明度对比。由于色彩明度之间的差别不同，对比的效果也就不一样。明暗之间不同量的对比，能够创造出各种不同的色调的可能性。而色调本身又具有很强的色彩表现能力，能够形成很强的空间感、光感和丰富的色彩感。它是配色中达到明快感、视觉清晰度的关键。图1.9及图1.10中服装色彩的设计均运用了明度对比。

图1.9

1.2.1.2　色相对比

因色相差别而形成的色彩对比称为色相对比。色相对比主要有彩色与无彩色之间的对比，无彩色之间的对比，以及有彩色之间对比。

有彩色与无彩色之间的对比，例如黑与红、黑与灰、白与蓝等。即黑白灰三者与其他色彩的对比搭配。图1.11中是红、黄、蓝色的对比搭配。

图1.10

无彩色之间的对比显然是指黑白灰三者之间的对比搭配关系。

色彩之间的对比主要有同种色相或不同色相之间的对比。有彩色之间的对比取决于色相在色相环上的位置关系。色相环上任何色都可以自为主色，分别组成同色相对比、邻近色相对比、类似色相对比、中差色相对比、对比色相对比、补色色相对比、全色相环色相对比关系。并以此形成的对比关系会有不同的视觉感受，见图1.12～图1.16。

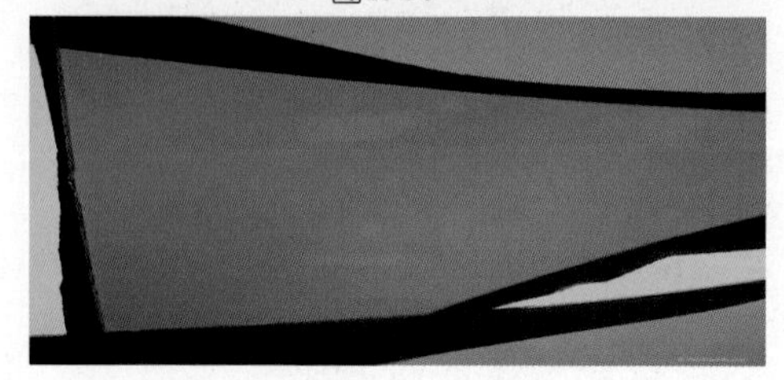

图1.11

图1.12

图1.13

图1.14

图1.15

图1.16

1.2.1.3 纯度对比

因纯度差别而形成的色彩对比称为纯度对比。在色立体中接近纯色的部分称为鲜色，接近黑白轴的部分称为灰色，他们之间的部分称为中间色。这样就构成色彩纯度的三个层次。纯度对比分纯度弱对比、纯度中对比、纯度强对比。

在通常情况下，纯度的弱对比纯度差较小，视觉效果较差，形象的清晰度较弱，色彩的搭配呈现灰、脏。因此，在使用时应进行适当调整，营造远距离效果可能会提供一种特殊的气氛。纯度的中对比关系虽然仍不失含糊、朦胧的色彩效果。但它却具有统一、和谐而又有变化的特点。色彩的个性比较鲜明突出，但适中柔和。纯度的强对比效果十分鲜明，鲜的更鲜，浊的更浊。色彩显得饱和、生动、活泼。对比明显，容易引起注意。如图1.17中服装的灰度色彩与鲜艳的发色形成了对比。

除从色彩的属性分析对比关系外，在色彩搭配中，也存在以下因素对色彩对比感觉起重要作用。

图1.17

1.2.1.4 错视引起的对比

色彩在对比时往往会造成视觉色彩的错误判断，并让这种判断形成一种特殊的美。色彩对比的情况不同，产生的错觉也不同。视错觉中常见的有边沿错视、环境错视等。边沿错视主要是指对比的色彩相接边沿而产生的错视，其效果的强弱与对比色彩及眼的注视时间有关。环境错视主要是指色环境的全面视错觉，它将全面改变观者对色彩对比双方的感觉。如图1.18所示，其中黑白色相接边沿很容易引起错觉，加强了色彩的对比效果。

图1.18

1.2.1.5 面积引起的色彩对比

视觉色彩是有一定的面积的，大到无穷大，小到无限小。从宏观与微观上都存在色与面积不可分割的关系。从一定意义上说，面积是色彩不可缺少的特性，两者是互为条件而存在的。在进行色彩对比时，必须重视在两种或两种以上的色彩之间应该有什么样的色面积比例才能达

图1.19

图1.20

图1.21

到平衡。如图1.19中紫色与橙红色两种色彩不变的情况下，其面积发生变化，同样可以产生不同的色彩美感。如图1.20与图1.21中的色彩完全相同，但面积不同，效果亦不同。

1.2.1.6 形状引起的色彩对比

长、方、圆、直、曲、点、线及一些自由形状的变化会直接影响到色彩的对比效果。形和色是不可分割的整体，它们之间的协调关系非常重要。色彩在色相、明度、纯度不变的情况下，形状对于色彩的直接影响体现在形状的聚与散方面。既形状越集中，色彩对比的效果就越强，反之，效果越弱。分散状态的形状，会使色彩由原来的排斥走向融合。分散的最高程度是像雾一样的分散点。如图1.22中两种色彩的形状的变化，产生了不同的视觉效果。图1.23与图1.24中色彩是相同的，将色彩的形状进行改变，色彩的对比效果也发生变化。

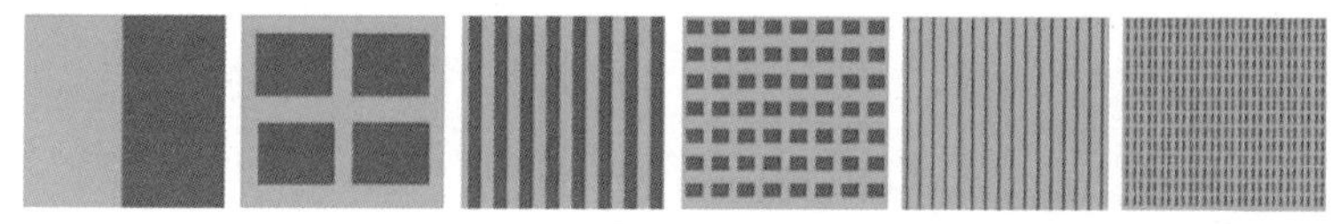

图1.22

图1.23

图1.24

1.2.1.7　位置引起的色彩对比

色彩，不仅具有一定的属性、面积、形状，还必然占有一定的位置。没有位置的色彩不会引起视觉印象。没有足够的位置，色彩就要缩小面积，形状也可能会改变。色彩对比的双方一定会产生出适合与不适合的位置关系，可以说，色彩效果的好坏是由伴随它的有关色彩的位置关系所决定的，因此，任何一种色彩总是在同它有关系的环境中显示出来的。如图1.25中两种色彩的位置关系如左右、远离、邻近、接触、正中等不同对比，会带来不同的色彩效果。图1.26与图1.27中黑色与绿色的位置发生了较小的变化，但各自的总体效果是不同的。

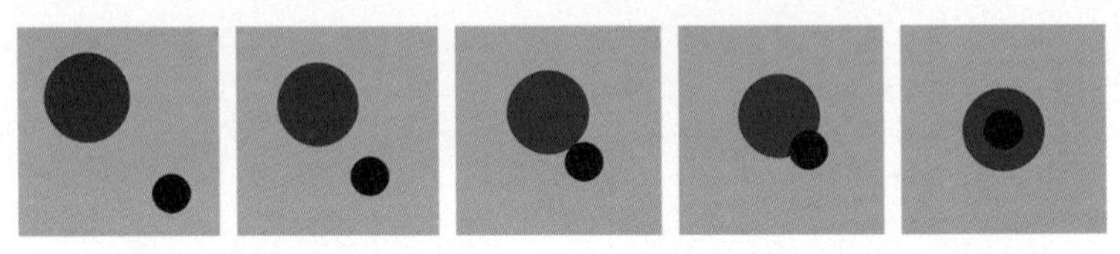

图1.25

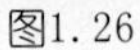

图1.26

图1.27

1.2.1.8　空间引起的色彩对比

人在观察物体色彩时，总是与其保持一定的距离。除了色彩本身具有前进与后退的视觉现象外，还与色彩的空间对比度有关。一般来说，近感，色彩对比强，形状聚集，形的可见性强，面积大、重叠上层的色彩。反之，色彩对比弱，形状分散，形的可见性弱，面积小、在环境中隐没。如图1.28中色彩对比的几种形式，同样可以产生一定的空间感。如图1.29中不同色彩的对比，使画面具有一定的空间感和立体感。

图1.28

图1.29

综上所述，色彩对比是人物形象设计中十分重要的美学法则。色彩关系中不同质、不同量的颜色相配合，不同的对比方式的运用，将会产生不同的色彩效果，形成不同的色彩情调。

1.2.2 色彩的调和

在色彩设计中，通过各种色彩的混合，既要达到丰富多彩的变化，又要获得视觉上的愉悦，这就是色彩的调和在起作用。从具体的配色角度来说，两个或两个以上的色彩之间取得平衡、协调、统一的状态称为调和的色彩。

色彩的调和有两方面的意义，一方面使凌乱的色彩关系通过整体有条理地安排，使原先不相配的色彩关系达到有目的的秩序性；另一方面色彩本身之间的调和，产生不生硬现象。同时，色彩的面积比例安排也将直接影响配色是否和谐。如果相同面积的色块配合，两色互不相让，视觉易产生疲劳，如果一种色彩面积占有主导地位，另一色彩面积占有次要地位，就能达到视觉上的统一美感。有差别是色彩对比的本质，而调和是对比的反面。

图1.30

1.2.2.1 同一要素的调和

同一要素的调和，是指同质要素的结合。在色彩的组合中，如果具有了色彩属性中的同一要素，就能使色彩具有调和之美。同一要素的调和有以下几种类型：双性同一、单性同一、混入同一、点缀同一、连贯同一。

双性同一基于单性同一调和之上，在三种基本性质中保持两种性质相同，变化其中一种。如同纯度、同明度、变化色相组合。

单性同一调和主要基于三属性的变化中，保持其中某一种相同元素，变化其余元素。也就是说，在两种不同性质的色彩中加入同样的要素，使之调和。如图1.30中橙、蓝、绿的明度、纯度相同。

图1.31

混入同一是将对比的两色用混入或调入某种第三色的方法，使双方都同时具有相同元素，使之调和统一起来。如红色、蓝色中都加入白色进行组合，使双方都具有相同的元素——白色而组合起来。如图1.31中绿色的明度、纯度在发生变化。

点缀同一是指将对比的两色按照一种均衡规律，将各自的成分放置在对方色中进行对比，或者就其双方色彩混入各自成分，都可因增添了同质因素而得以调和。如在红色中加入蓝色，在蓝色中加入红色，将两者分别加入对方进行调和。如图1.32的蓝色与黄色两种不同的色彩中，同时加入桃红色，使之调和。

连贯同一是指在对比双方同时运用相同的手法，使对比双方互相连贯，达到色彩的调和。如图1.33的黄色中混有橙，橙色中混有黄色。

图1.34与图1.35色彩的调和利用了相同的色相及色调。

在同一调和的各种组合中，双性同一的调和感比单性同一的调和感强。连贯同一的调和，要看连贯色彩的面积、多少、范围，与调和效果成正比变化。

图1.32

图1.33

图1.34

图1.35

1.2.2.2　近似要素的调和

近似调和是近似要素的结合，它和同一调和比较起来，具有稍多的变化，但也不脱离以统一为主的配色原则，近似调和能保持对比色彩，双方属性差别较小。它包括：双性近似、单性近似、三性近似、亲缘调和。

双性近似是指色彩属性的三要素中，其中两种性质较相似，另一要素将相邻的系列调和。

单性近似是指三属性中某一种近似，将其他两种进行调和组合。如图1.36中橙色与黄色的纯度、明度相似，将其进行调和。

三性近似是指色彩的三属性近似，即以某一色彩为中心的邻近色，进行对比组合效果。如图1.37中深蓝色与蓝紫色在色相上相似。

亲缘调和是指对比双方都有近似要素，都加入与之有近亲关系的色彩或相互渗透、交错得到调和。如图1.38中红橙的在色相环上邻近，图中的色彩明度、纯度有类似的情况下进行将其调和。图1.39中色彩的调和利用了在色相环上与其都较近的色相进行交错、渗透。

图1.36

图1.37

图1.38

图1.39

1.3 形象与色彩的关系

任何色彩都是通过一定的面积、形状、位置和肌理表现出来的。也就是说，一块颜色，总是伴随着面积的大小、形状的轮廓与方向、色彩的分布等因素被我们所认识，完整的色彩知识包括物理、生理、心理与化学等四个方面。就物理方面，由发光体放射出来的光线，照到物体表面，再反射到我们的眼睛里面，才产生色彩的感觉。从另一方面来说，太阳光经三棱镜被分解出七色光谱。生理方面，人体的眼睛结构影响色彩的感知能力，因此物体的色彩反映在眼睛时，并不是每个人都能感觉到同样的色彩，如果患有色盲的人，有些颜色是看不出来的。可见健全的眼睛与正常的视觉技能，才是色彩辨识的关键。心理方面，色彩刺激我们的视觉器官，感应在我们的心理上，使我们产生爱好、厌恶等感觉，这种感应，有一部分是相同的，有一部分是受到个人生活环境与人格形成等因素而产生不同的感觉。化学方面，色彩颜料是由动物、植物、矿物中取得，化学合成颜料的制造等等，这些都关联到化学技术的研究与开发，也是色彩制造者最关切的问题。

从色彩的心理因素分析，色彩是成功装扮的关键，它影响着你的自我感觉以及他人对你的观感。而就形象设计来说，个人形象设计在很大程度上是利用色彩来进行的。不同的色彩会使人们产生不同的反应，而不同的反应会在人们的脑海中形成不同的形象。色彩是一个人身上首先吸引别人注意力的东西。

首先，人们最初对事物的印象总是模糊不清的，而且还有可能浮现出多个不同的印象，为了缩小范围，使印象具体化，往往会先用铅笔画一幅草图，描绘该印象，而色彩从很大程度上，起了一定的作用。因此，颜色的选择，在印象的具体化和相互间的交流中，起着重要的作用。因为形象本身是一种图像，所以，在这个阶段无法用语言来表达，这种语言往往是一些便于视觉化的词汇，这些印象语言当然是一些人们生活中常用的词语。选择了印象语言以后，可以用调色板中的颜色，加上配色，确定颜色的面积与位置，将此色彩语言所赋予的形象表达出来。

在进行形象设计时，色彩同样具有共同认识的基础，即形式要素和感觉要素。形式要素由色相、明度、彩度三要素构成，感觉要素是指色彩所形成的不同心理效应。

色彩中色相、明度、纯度共同作用后产生不同的心理效应。如鲜亮黄色显得透明、飘逸、轻盈。低中黄色则显得含蓄、文静些。

在色彩体系中，除了有彩色系列外，还包括无彩色的黑、白、灰。无彩色在色彩中占有重要的地位。有了无彩色的协调，任何色彩的相配都能达到调和状态，它是其他色彩所不能比拟的，并且也具有较强的心理效应。

很多色彩都具有给人以形象印象的特性，如蓝色是安定、稳定的色彩，给人以纯洁、深远、文静的感觉。浅蓝色常用以表示明快、充满希望。深蓝色给人以冷静、智慧的象征。年轻人穿

图1.40

图1.41

浅蓝色装的搭配，更富于清秀雅静的感觉。中年人穿浅蓝色装的搭配，具有沉稳、深远的感觉。如褐色作为混合色，有浅灰褐色、黄褐色、暗灰褐色系列，也是一种容易与其他色协调的色，给人以成熟、浑厚、质朴的感觉。如灰色为中性色，银灰色有雾似的色泽，能体现特有的整洁，色泽上显得柔和雅致，多易与其他色配合，成为各种带有倾向性的色调，如驼灰、紫灰，都能产生平易近人、文雅的效果。

1.3.1 浪漫风格与色彩

1.3.1.1 浪漫

浪漫表达了一种不切实际的梦想和追求，但绝不至于给人留下不好的印象，而是年轻的一种体现。以明亮的清色为中心，采用高明度的色彩来呈现年轻的感觉，最好不要使用浑色，以免给人以不洁感。一些浪漫的色彩，如粉红色、淡蓝色等也被大量使用。如图1.40中桃红色的纱质裙装给人一种很浪漫的感觉。

1.3.1.2 高雅

高雅和优雅的意思相似，只不过前者给人以欧式的风格，后者给人以日本式的风格。不适宜使用彩度高、感觉强烈的颜色。紫色系列一向都被用来表现高雅的形象，将紫色的明度淡化，纯度降低，就可以变成高雅、沉着的色彩，如淡紫色、浅藕荷色、玫瑰紫、浅青莲色等。性情温和、柔美。同时，明亮的灰色调也具有同样的效果。颜色整体表现柔和，明亮度适当提高，饱和度适中，整体上表现一种优雅风格。如图1.41中紫色的裙装高雅、沉着。

1.3.1.3 自然

自然是适用范围越来越广的形象之一，由于强调的是自然，在视觉上无疑会给人以柔和的感觉，用明亮清色和明亮浑色的组合来增加自然感。如与白色进行搭配，则更强调清洁感。绿色是大自然的色彩，在表现风格上也象征着春天、成长、生命和希望。因此，绿色的搭配，也可以让人感受到自然风格。如图1.42中利用浅绿色和枯黄色这些自然界的色彩，塑造自然风格。

图1.42

1.3.1.4 清澈

清澈与清洁相近，同时又有清凉的含义，主要以明亮的清色来体现清澈感。通常情况下不会同时使用白色与明亮的灰色。彩度高的蓝色系列给人以冰凉的感觉，很难表达清澈的感觉。如图1.43中的色彩搭配恰到好处地表达了一种清澈的感觉。

图1.43

1.3.2 休闲风格与色彩

1.3.2.1 休闲

休闲是穿家常服饰或轻便服饰时的感觉。休闲服是最受年轻人喜欢的服饰，使用范围相当广。从亮色到暗色，从浑色到纯色，配色极其自由。其中彩度高的清色占据主要的位置。也可用黑色、粉色等将休闲表现出更自由顽皮的风格。如图1.44中所示，总体上的搭配给人一种舒适休闲的感觉。

1.3.2.2 清新

清新与新鲜属于同义词，但使用范围更广，总能让人感受到其中的亲昵气氛。以明亮清色中的黄绿色为中心进行配色。中绿、翠绿色象征着华夏兴旺，孔雀绿也可给人一种华丽清新的感觉。如果能局部加入白色，效果会更佳。米白、象牙白、淡蓝、米黄色，在春天和夏日都可以给人一种清新舒畅、心灵解放的感觉。如图1.45中的淡蓝色与白色的搭配使得整体效果非常清新。

图1.44

图1.45

1.3.2.3 轻便

这种印象最适合使用纯色来进行配色。因为它极其富有能量和动感，因此以纯色为主，并配以能提高纯色效果的暗色。健康气氛的烘托，则需要靠适量的白色来达到目的。

1.3.2.4 有力

以巨大的能量进行运动的感觉，拥有巨大能量的颜色是红色。例如以红色为主、黄色为辅进行配色，视觉上就能产生震撼人心的效果。尽量使用大面积的搭配。有效地使用黑色，可以使配色更有份量。如图1.46与图1.47中整体运用的深红色感觉份量很重，表达的风格在视觉上很震撼。

图1.46

图1.47

1.3.2.5 前卫

有时也指第一次世界大战后的达达主义或超现实主义者的艺术活动。这里使用它在抽象绘画时所体现的特征。原色和清新的感觉，可以靠使用清色来体现。如图1.48中黑色与白色的搭配，以及领带与包的色彩的点缀，使该系列非常现代。

1.3.3 华贵风格与色彩

1.3.3.1 华贵

华贵的意思与“豪华”相似，品质上更显得高级。象征高级的颜色是紫色，如果同时利用略深的颜色加以衬托，可以进一步增加厚重感，特别是紫红与略深的黄色是最佳搭配。如图1.49中紫红色的上衣与暗黄色的搭配使整体形象体现华贵风格。

1.3.3.2 性感

在人类所具有的魅力中，性感可以说是与肉体关系最密切的。性别的魅力，无论男女都无法摆脱对它的吸引。配色时以明亮清色为主，但若局部使用略暗的颜色，会使整体效果协调平稳。如图1.50中上衣白色与暗金色的短裤，以及配上深色眼镜，性感十足。

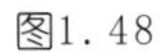

图1.48

图1.49

图1.50

1.3.3.3　民族

对于民族，可能会让人联想起民族菜肴，给人味觉上的感受。其实它表达的是民族风俗习惯。对于自己民族而言是司空见惯的东西，在外人看来则别具风味。这可以用略深的颜色来进行配色。如图1.51与图1.52中所示的色彩缤纷，而且都非常具有民族风情。

图1.51

图1.52

1.3.4　摩登风格与色登

1.3.4.1　摩登

摩登本来是指现代派，但从摩登这种艺术运动的方式来看，可以认为指的是近代派。由于在此把它的含义定在摩登这种方式上，因此，现代的气氛比较微弱。关键是要使用无彩色的颜色，如图1.53所示。

1.3.4.2　精致

高雅又不乏时尚感。这里使用青紫色系列为中心，着重体现其中的高雅。能够对此进行辅助的是明亮的灰色调颜色。不过，需要注意的是，如果仅仅使用灰色或灰色调颜色，会显得浑浊，以至于难以体现高雅之感。如图1.54中青紫色与灰色的巧妙结

图1.53

图1.54

图1.55

合，时尚且精致。

1.3.4.3 凉爽

通过触摸获得的温度感觉。同时也经常被用来形容精神性的东西。其中所含的干燥气氛，用明亮的配色来表示。配色的中心是冷色调的蓝色系列。高明度的浅蓝显得轻快而明澈。如果使用白色会过于强调清洁感，应予以避免。如图1.55中明亮的蓝绿色感觉清爽。

1.3.4.4 时髦

时髦有时也用来单纯表示出色或优秀。中年的时髦与年轻相反，这里着重体现的是沉稳与雅致。以黄色为主，多配上略深的颜色、暗色及灰色调的颜色。桃红、青绿、鲜黄、砖红等饱和的浓烈颜色也比较时髦。如图1.56中鲜黄的色彩独具魅力。

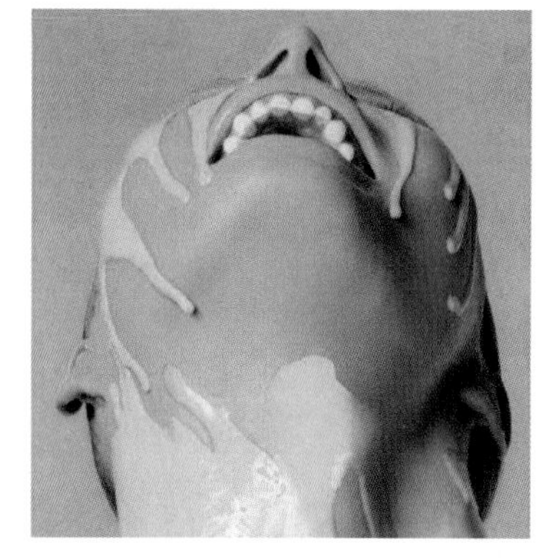

图1.56

1.3.5 其他风格与色彩

1.3.5.1 正规

用于正式场合的、被统一化了的形式。以服饰而言，就是礼服。给人以庄重的感觉。正式场合一般使用黑色，较暗的颜色或暗清色都可以作为辅助色，最近较多使用的是深色。如图1.57中，尽管服装的设计较具个性，但暗清绿色还是表达了一种较庄重的感觉。

1.3.5.2 古典

古典或古色古香等都是已被广为接受的风格。并非仅仅指古老，同时还应该含有在过去已经完成了的意思。略深的颜色、暗色以及灰色调颜色都含有古典气氛，只要根据目的的不同改变配色重点即可。如图1.58中整体色彩搭配较有古典气氛。

1.3.5.3 素净

原汁原味的、丝毫不加以修饰的状态。其构成决不可能有起伏变化，而是平坦的平面。配

图1.57

图1.58

色为暗色同暗灰色调颜色的组合。为了在整体上避免色调的浑浊，配以略深的黄绿色能起到极好的效果。如图1.59与1.60中总体上的色彩搭配使色调清澈，整体没有太大的色彩起伏变化。

图1.59

图1.60

1.3.5.4 悲观

看不到未来光明的状态，可以说是负面的典型。经常被用于内容悲观的电视剧或音乐背景等。以蓝色系列为中心进行配色。不过，由于还没有达到悲剧的效果，所以不便于用黑色。

1.3.5.5 高贵

带有贵族气息、十分高档的感觉。是过去贵族们使用的配色，能够体现高贵且品质优良的特征。而贵族色无疑是紫色系列。需要注意的是，应该通过与灰色调颜色或灰色的组合，来增加温文尔雅的感觉。漂亮的灰色有时也能给人以高雅、精致、含蓄的形象，它是城市色彩的象征，往往被具有较高文化艺术修养的人来接受。同时黑色有时会给人一种特殊的魅力，显得既庄重又高贵。

1.3.5.6 野性

不会给人粗暴的感觉。主要使用暗色或偏黑的颜色，当然也不能缺少象征能量的颜色。因此，可以在红色系列的基础上，辅助性地使用一些黄色来加强这种印象。由于黄色过于明亮，有时也可以用来表达轻薄、野性的形象。如图1.61中亮黄色与黑色的搭配表达了野性的风格。

图1.61

化妆的配色方法
发型的配色方法
服饰的配色方法
整体形象的配色原则

每个人都希望自己的形象能给人留下深刻的印象，但是有时候不免因为不同时间、不同场合的搭配不适而尴尬。在这些干扰的因素中，衣着的颜色、款型和肤色，以及发型的搭配显得尤为重要。俗话说："穿衣戴帽，各有所好"，个人装扮也体现各自的气质、性格及修养，个性色彩的搭配，是一个人内心世界的自然流露。

2.1 化妆的配色方法

2.1.1 个体色彩

人的肤色基本是肉红色，它由三种色素组成：红色(血红蛋白)、黄色(胡萝卜素)和棕色(黑色素)。只是不同民族、不同区域的皮肤色感不同。例如：西方人皮肤色素极少，而东方人和非洲人的色素较多，所以他们的肤色呈黄色或是棕色。按照美容专家的观点，任何肤色只有两种基本类型，即呈现出蓝色基调或呈现出黄色基调。

蓝色基调或者冷色基调的肤色包括浅粉色、浅棕色、灰褐色、橄榄色和棕黑色，具有蓝色基调的冷色最适合于这一类肤色。我们称蓝色基调肤色为冷色皮肤，也称月光型皮肤(如图2.1～图2.6所示)。具有黄色或是暖色基调的皮肤包括象牙色、金棕色、红褐色和暖棕色，暖色基调的颜色适合于这一类皮肤。我们称黄色基调的皮肤为暖色皮肤，也叫作日光型皮肤(如图2.7～图2.10所示)。

如何判别自己的肤色？只要在白天自然光下(不要直接照射)，穿着白色衣服，用白毛巾盖

图2.1

图2.2

图2.3

图2.4

图2.5

图2.6

住头发，从镜子里观察脸部的肤色，与纯白色对比就可以确定皮肤的颜色是暖色还是冷色。女性还可以用口红进行试验，用暖色调的橙色口红和冷色调的粉红色口红分别试验，如果涂橙色合适即为暖色调皮肤，反之，则是冷色调皮肤。

一般情况下，如果肤色是月光型，就应该用冷色调的化妆色，如图2.11和图2.12所示；如

图2.7

图2.8

图2.9

图2.10

果肤色是日光型，则用暖色调的化妆色。冷色调的化妆色加入红色之后的蓝色略带红蓝色、紫红色和粉色，暖化妆色加入黄色之后的红色呈现红橙色、黄橙色、珊瑚红和桃红的颜色。

2.1.2　化妆用色

一般所说的化妆是指使用各种化妆品对面部和皮肤进行描画和修饰。

化妆如果运用得当的话，可以改善皮肤上不和谐的颜色，也可以强调脸部的自然线条，赋予眼睛、双颊及嘴唇以神采，使其散发出健康的光泽。一个富有经验的化妆师为某人化妆，是通过三种常用的化妆色来强调其外表——底色、线条色和强调色。

图2.11

图2.12

2.1.2.1　底色

底色(Foundation)是化妆的基础，是一种打底的面霜，又称底粉、底彩等，是主要的化妆品之一。

底色应该和肤色协调。粉底霜有的适合于冷色调皮肤，有的适合于暖色调皮肤。通常使用的原则是粉底类型和皮肤性质相近，但是也因人而异，因时而异。以下巴上的肤色为选择粉底的标准，因为面颊的色泽往往泛红，所以很难作为选择粉底的标准。另外，必须在自然光线下检验粉底色，因为商店里的照明，不管是白炽灯，还是日光灯，都会影响粉底的颜色。因此，在自然光线下观察化妆色，既可以避免变色，又可以观察到所选择的化妆色的特点。如果皮肤晒黑了，所选择的底色要暗一些，但是总体上说来，粉底色是不变的，永远不因衣服颜色的改变而改变。粉底应该使肤色均匀，并掩盖小的缺陷。涂粉底时应从发际开始，到下巴底部为止，均匀地涂抹，这样，看起来比较自然。如果粉底霜涂抹过厚，在自然光线下看起来会显得不够自然。粉底由水分、油分和颜料构成，分为水质和油质两种。水质粉底可以稀释，可以用小块海绵涂抹，其效果如图2.13所示。

黄种人在选择粉底时一般以棕色为标准。如果肤色相对比较白，也可以选用粉红色；如果处于两者之间，则可以选用杏色；肤色较黑的应该选择玉色。

粉底的质地包括粉型、乳液型和脂型，在选择时要根据皮肤的性质和季节的变化来考虑。如果是年轻女孩，油性肤质宜用粉型粉底，妆面自然，也容易吸收；乳液型粉底适合各种皮肤肤质和年龄的人使用，有透明感；干性肤质和面部有缺陷的人则需要脂型粉底来遮盖。

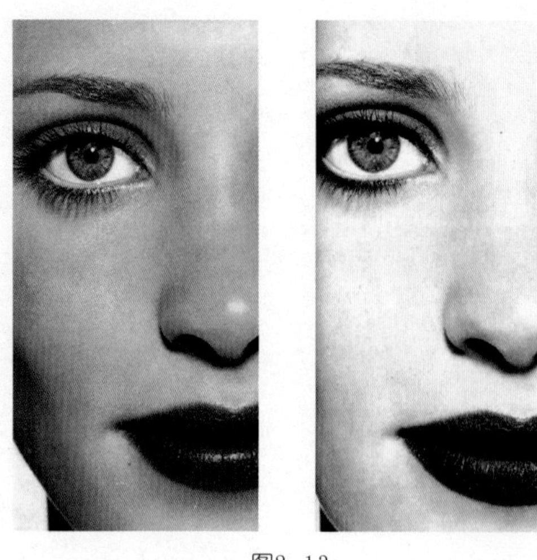

图2.13

2.1.2.2　线条色

线条色是用在颧骨的下边，有时还用在脸部其他地方以掩饰过宽的面庞或是强调面部骨架结构。线条色有粉状和油脂状两种。它们必须用手指、粉扑或是棉球来涂抹，这样，它们才能在脸上看起来若有若无，可实际已经给脸部线条造成了错觉。要注意的是，必须涂抹得光滑、自然。亮色常常用在眉毛下边和颧骨下边。有时候，为了掩饰眼睛下的黑影或是其他的深色面部缺陷，必须用较重的粉底。线条色也不随衣服颜色的改变而改变。

2.1.2.3　强调色

强调色是第三种化妆色。包括眼影、颊红或胭脂、唇膏和睫毛油。它可以随服装而改变，还会受到时尚的影响，但是它必须和肤色协调。使用强调色的诀窍在于，要用足够的色彩来创造一种健康的信息，作为服饰色彩的补充，同时要避免与本来的肤色矛盾，避免产生不自然的现象。

暖色调皮肤应该在橙色、杏黄的底色上选用强调色。穿冷色服装的时候，可以使用浅棕色和烟灰色。对于红褐色或是褐色的暖色调肤色的人来说，绿眼影效果非常好。冷色调皮肤的人颊红及唇膏应采用玫瑰——粉红色调。柔和的灰蓝色眼影可以美化蓝眼睛，而明亮的蓝色就太刺激了。

唇膏色最易受到时尚的影响。当使用比皮肤的色调还要浅的唇膏时很容易造成一种特殊的视错觉，不管其颜色是否时髦，深色或是明亮的唇膏有时候会产生一种不自然的效果，既粗糙又不好看。一个本身色彩对比强烈的人穿上新奇的服装，再用上明亮或是深暗色的唇膏，这时效果却会特别好。化妆色与肤色的对比越强烈，看起来就会越不自然。随着皮肤的衰老，必须重新选用化妆色，使其和淡化的肤色及头发的颜色协调。

2.1.3　脸部上妆的重点

2.1.3.1　脸部上妆的部位

1）T字带：这是油脂分泌最旺盛，也是最容易脱妆的部分，所以在上妆之前最好擦上可抑制油脂分泌的保养品，而T字带也是整张脸最突出的部位，所以在选用粉底时需选择色泽明亮的粉底，才能使脸部更具立体感。油性肤质的人要少抹一些，干性肤质相对要多抹一些。

2）颊骨：在S型带的上部，也是颧骨最突出的半月形部位。通常腮红都以这个部位为基础点，左右上下晕染开，这样可以用色调表现出立体感。

3）S型带：从颧骨突起处到脸颊凹陷处，要了解脸颊骨架的起伏后，才能正确使用上妆技巧来修饰脸型。

4）太阳穴：如果太阳穴太凹陷，则需选用明亮色系的粉底来掩饰。

5）O型带：嘴边四周，由于皮脂腺较少，所以比较容易干燥，也较不易脱妆。

6）鼻梁：从眉头中部到鼻尖的垂直线，鼻梁较塌者，须先用高明亮度的粉底来修饰，可使鼻梁显得高挺。

7）颚线：下巴的轮廓线，是脸部最容易松弛的部位，脸部较胖或有双下巴的人，需用暗色（咖啡色）粉底修饰。

2.1.3.2　肤色与修颜液

就季节而言，由于人在自然界的活动，形成了自然界四季色彩对肤色的影响，所以人的肤色也随四季的变化而变化。化妆时，也可按不同的季节选用深浅不同的粉底进行调整。

一般情况下，在春夏时节，深浅粉底的比例为：深色粉底∶浅色粉底＝2∶1；在秋冬时节，深浅粉底比例为：深色粉底∶浅色粉底为1∶2。但需根据肤色条件而做增减。对于本身皮肤较深者，浅色粉底就应该少些；反之，肤色较浅者，浅色粉底应多些，看起来会比较自然。

扑粉的颜色应与肤色及粉底的颜色相协调。若脸色呈黄色，则不应选择红色或者颜色反差太大的扑粉；颜色偏深的扑粉会加深皱纹，从而起不到掩饰的作用；如果颜色太浅，则会使脸太白而显得不自然；若想用扑粉将化妆油定住，则应使用其颜色比底色稍浅的扑粉，这样能令面部轮廓更清楚。另外，需按时间不同选择扑粉。

对于不同的脸型，深色粉底和浅色粉底所修饰的位置也有所不同，例如：深色粉底应涂在最不想表现的地方，做立体阴影时使用，如下颚及鼻梁两侧；浅色粉底用在希望它更高挺明显或更宽阔之处，利用高明度使之突出，如鼻梁、眉骨、过瘦的脸颊等。

表2.1　不同肤色对修饰液的选择及使用

肤色	修颜液色系	用法与功能
正常皮肤	象牙白或接近自然肤色	不需要改变肤色，修颜液的作用如同隔离霜一样，可以让皮肤看上去透明、有光泽
泛黄、无光泽、灰白、黯淡	淡紫色、粉红色	黄色和紫色的互补，能改善偏黄的肤色，而粉红色让黯淡无光的皮肤变得健康、明亮。此外，随着年纪的增长，皮肤会渐渐失去弹性和光泽，在打底之前使用粉红色或淡紫色的修颜液，皮肤会焕发出青春的光彩
敏感性、偏红色、偏黑	蓝绿色、绿色	有些人的肤色天生就很敏感，肤色泛红，或者很容易被晒红。用绿色、蓝色等色系的修颜液来掩盖，原来泛红的肤色会显得白一些

2.1.3.3　眼影与色彩

不同的眼影色系会产生不同的视觉效果。从不同的人种来看，西方人的眼妆以晕染宽而深的眼影为美，东方人则面部较扁平，眼睛稍外凸，所以必须强调光亮部位，以表现立体感。在选择眼影时，要配合自己的肤色选色，肤色嫩白红润的可以采用蓝色和绿色眼影色。肤色晦暗的宜用粉红、橙色，对于普通人来说，选择橙色、灰色和洋红色是不错的选择。

1）粉色：适合于白天妆，使人看起来较年轻、可爱。

2）古铜色：较适合晚宴盛装，使人看起来神秘、高贵。

3）灰色：中性色，不以亮丽取胜，给人以沉着和智慧的感觉。

4）紫色：正统的紫色眼影给人以成熟而深沉的感觉。

5）蓝色：深蓝色较为冷艳，而浅蓝色则会给人以清爽的感觉。

6）红褐色：感觉上较为个性，适合自主性强的女性使用。

7）橙黄色：明度高，充满了活力，有明朗动人的效果。

8）银白色：高光点染作用，除了充满时尚的科技感外，也会增添某种神秘气质。

一般来说，棕色眼影常常作为基础眼影，在使用时，涂抹在眉头到鼻梁侧的鼻影部分及眼窝眼尾的一半处，以表现眼周立体感。而眼周和眼尾则可以使用跳跃的颜色。

单色眼影可强调眼睛的明净与可爱，如用浅玫瑰红，能使眼睛妖媚，比较适合皮肤白的人。绿色、蓝色、紫色可作为装饰色彩与服装色彩相对应，涂的部位应有重点，如涂在外眼角或双眼皮内。单色眼影也有深浅，这样才能既有整体又有变化。

双色眼影又分为相近色或对比色两种，用阴影色和明亮色搭配，可以强调眼部的立体效果，一般多在晚妆上采用，而在日常化淡妆时，适宜用同色调的深浅搭配或邻近色的过渡变化，邻近色的过渡变化要自然衔接，力求柔和。例如：玫瑰红和浅紫灰的组合较为协调，淡蓝色与紫红色相搭配有较强的立体效果。

多色眼影是用三种或三种以上颜色的眼影，可以使眼睛更为丰富和美丽。但在色彩的运用及技术的把握上要很有分寸。这种眼影妆多适合于舞台影视场合。在色彩的把握上，使用多色眼影要注意整体感，色彩再多，也要有主色调。并且，多种颜色组合在一起，面积不要太接近，主色调大一些，点缀色应小一些。颜色要有深浅变化和冷暖变化，主要根据眼睛的结构来决定化妆的方法。例如红色与绿色是对比色，很难搭配，但在这两点之间加上橙色和浅黄色，就容易协调了。而由外眼角的玫红，向上用浅棕红过渡至眉毛，向内眼角用橙色和黄色过渡，使整个色调趋于统一，浅黄色和玫红色又令眼睛的形态更明亮。蓝紫、灰绿、浅黄、浅棕、红灰等多种颜色组合在一起，仍然是一个和谐的整体。

在选择眼影时也需要注意以下问题：

1）淡色眼影明亮度高，深色则较暗沉，因此，淡色眼影可使眼睛看起来更大。

2）如果尚未练就渐层的晕染技巧的话，最好从两色渐层开始，以免弄巧成拙。

3）使用眼影粉代替眼影笔，效果比较柔和，画时也能掌握色调。

4）若眼影使用青绿色，则眼线最好选用深蓝色或灰色，若眼影使用黑色，则眼线最好使用灰色、铁灰色或橄榄绿。

5）眼影的用色要注意和口红以及时装的色彩相配合，以达到整体的和谐效果。

2.1.3.4 胭脂的选择

两颊的化妆主要是以胭脂为主，它可以表现皮肤自然的血色并加强妆面立体感，烘托情调氛围。不同的用色在同样的位置可以产生不同的质感与效果。

表2.2列出不同肤色和发色选择胭脂的颜色。

表2.2 不同肤色及发色对胭脂的选择

	金发	棕发	黑发	红发
白肤色	浅粉红色	玫瑰红色	——	浅蜜桃色
浅青肤色	——	深褐色	——	——
褐肤色	黄褐色	褐红色	——	深蜜桃色
黑肤色	——	——	赤红色	——

2.1.3.5 脸型与色彩

人的脸型一般可分为七类：圆型脸、方型脸、钻石型脸、长方型脸、梨型脸、心型脸和椭圆型脸。

1）圆型脸：这种脸型给人的印象是天真、可爱，朝气蓬勃，也略带些孩子气。所以在化妆时需要利用纵长的方法使脸部拉长，整张脸变得紧凑(见图2.14)。

图2.14

底色化妆：使用比皮肤深一些的粉底霜，从太阳穴下方开始在脸颊较为圆润的部位打上阴影，前额到鼻梁中央处加亮色。

2）方型脸：这种脸型给人的印象是有能力的女强人型，但同时也缺少女性的温柔。所以，在化妆时需采用阴影的化妆手段掩饰四角过于生硬的轮廓，产生一种圆的视觉效果。

底色化妆：前额上角两边使用暗色调眼影色，下颌两边加同样阴影色，眼下边加亮能使廓型从太阳穴凸起的地方开始，一直到下颚打上阴影，将有棱有角的两腮修饰得柔和一些。

3）钻石型脸：也就是菱型脸，这种脸给人精明、智慧的印象，但是也常常给人冷漠无情的感觉。突出的颧骨及下巴部位是打阴影的重点。

底色化妆：颊骨突起处加阴影色，前额和面颊加亮色。

4）长方型脸：脸太长，给人的印象常常是比实际年龄显得老成。当然只有上下都打上阴影，才能有缩短的错觉(见图2.15)。

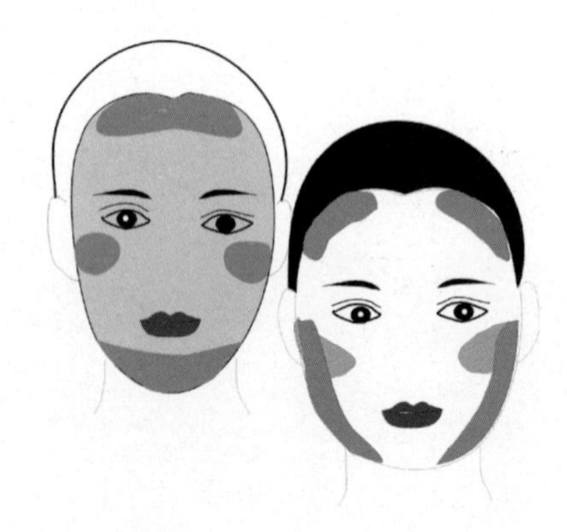

图2.15

底色化妆：前额和下颌处加阴影色，从眉到唇的中间部分使用亮色。

5）梨型脸：这种脸也属于三角形脸的一种，给人丰满富态的感觉，但是腮宽使整体缺乏完美性，因此打阴影的部位便是以腮邦两侧为主。这样，腮邦轮廓收紧，可以给人一种干净利落的感觉。

底色化妆：用深暗的阴影色涂抹在面颊的下颌方向。中央用明亮的色调去处理，产生立体效果。

6）心型脸：有点像倒三角的脸型，修饰重点在左右鬓角及颧骨处。

7）椭圆型脸：属于女性脸型中最为标准的形状，无须修改，只要适当地调整肤色即可。

2.1.4　服装色彩与肤色、化妆色之间的关系

肤色是服装色彩设计中的主体依据，在服装色彩各种因素的协调关系中，肤色是决定因素。人种的肤色大致可以分为黑色、黄色、白色三种，每种肤色中也有明度的差异，如中国人为黄种人，大体都是黄色肤色，但也有偏向白皙的肤色，也有偏向黄黑色的肤色，也有白粉色、棕色等明度变化。

在服装的构成中，一般以肤色的明度变化为主色调，以服装色彩的色相、纯度、面料的肌理、面积、形状等因素为副色，构成综合对比的色彩效果。随着美容业的崛起，化妆成为服装配色的重要组成部分。如何选用适合自己肤色的化妆品是非常值得研究的，比如选用粉底霜要讲究比肤色略暗一级，大脸庞可暗两级，以造成缩小脸庞的感觉；面部瘦小的人可选用与自己肤色相像的最浅的粉底霜，苍白肤色的人可选用略带粉红色的肉色粉底霜；蜡黄的肤色要选用玫红色粉底霜，以增加一点光彩，淡褐色肤色宜选用桃色或粉红色粉底霜。在运用粉底霜时切记，重肤色的人不能用浅色粉底霜，以避免伪造白皙感而产生假面具的滑稽相。另外，选用唇膏色、眼影也要和服装的色彩相调和，除了白色、黑色服装能和任意一种唇膏色、眼影色搭配外，其他各色服装与唇膏、眼影色都有一定的配色关系，详见表2.3。

表2.3　化妆品色彩与服装色彩配色

服色	紫	蓝	绿	黄	橙	棕	红	粉红
眼影色	粉红 紫 蓝 灰	蓝 灰 紫 粉红	绿 紫 灰 粉红	紫 绿 灰 棕	绿 紫 粉红 灰	棕 绿 蓝 灰	绿 紫 灰 蓝 棕	粉红 紫 蓝 绿
唇膏色	桃红 粉红 红	红 桃红 粉红 橙	桃红 红 粉红 橙	粉红 橙 桃红	粉红 橙红	桃红 粉红 橙 红	橙红 桃红 红棕	桃红 红 棕

2.2 发型的配色方法

2.2.1 头发的颜色

自然发色是由头皮层中的色素细胞形成的。色素细胞产生两类色素：黑色素(黑/褐色)和红黄色素(红/黄色)。任何一种自然发色都是由这两类色素的结合而产生的。深色头发的人，黑或褐色色素较多；而白皙肤色的民族，桔红或黄色色素较多，正是这些不同的色素构成了不同发色的色谱。

头发的颜色范围可以从最淡的金色、白色或银色到蓝黑色的黑玉色。头发，无论是何种造型，是仅次于脸部的明显突出部分，对一个人的整体外表起着重要作用。一个人的头发颜色，染过的除外，天生地与她/他的肤色相得益彰。与肤色一样，发色范围也是从冷色到非常暖的颜色，并将直接影响个人对自己的调色板做出决定。发色有时由它的底色(离发根最近的颜色)来决定。但是在大多数情况下，是由它的光亮部分(离发尾最近的较浅颜色)决定的。例如，带暖金黄色光亮的冷灰棕色头发很可能会呈现一种暖色的整体外观。

在染发时，如果头发颜色与自然色不相配，很容易被别人看出不自然。所以发色必须与肤色和谐。假如肤色是暖色，那么可以在发色光亮部分加上暖金色或者红色调，如果肤色是冷色，则可以加上冷灰棕、深棕或黑色调的颜色。如果眉毛的颜色浅，选择发色的余地就很大，相反，则考虑的因素较多。

2.2.1.1 金发

金发(见图2.16～图2.18)一直受到青睐，公元500年左右，天生没有一头金发的人会千方百计把头发弄成金色。在中世纪，没有金发就标志着没有身份、没有性格，或是被认为来自一个野蛮的国家，对于安格鲁撒克逊的人来说，“金发”意味着美，意味着是自由人，而黑发是侵略者，凯尔特人的发色，是“丑陋”的奴隶之色。传统看法中有“绅士喜欢金发女郎”，金发女郎兴趣广泛并引人注目。

2.2.1.2 红发

红发(见图2.19～图2.21)总是象征着血腥和不幸。古希腊人颁布法令禁止红发，视红发人如同陌生人与恶棍一样，都受到蔑视。伊莉莎白一世(1533～1603)改变了红头发的坏名声，她天生一头橙红色的头发，一下子使红发成为时尚。同时，莎士比亚笔下的红头发表现出了充满活力的女主人翁的勇敢与热情。

图2.16

图2.17

图2.18

图2.19

图2.20

图2.21

2.2.1.3　黑褐色发

黑褐色头发(见图2.22～图2.24)在古埃及时期极受推崇，医生们常常配置一些难闻的膏液来阻止头发变白。黑褐色头发的人被人认为容易接近、自然、直率，或者说是朴素、简单，最著名的黑褐发美女就是好莱坞名星奥黛丽·赫本，她在《蒂凡尼的早餐》(Breakfast At Tiffany’s)中的美丽形象，成为50年代的理想偶像。

黑褐色头发往往生长厚密、健康、有光泽。对于亚洲人来说，栗色和浅酱色看起来很好。

图2.22

图2.23

图2.24

2.2.2 头发上的色彩学

2.2.2.1 色环

我们用色调和色度来描述自然发色。

色度是指颜色的深浅，它取决于头发中色素的密度。色调是我们看到的颜色，即色素的结合像金色或红色这样的暖色就含有较多的红黄色素，而冷色如灰白色则含红黄色素较少。颜色规律是靠调整染料和色素的混合剂量来产生其他颜色的，这些颜色规律的首要概念是基色，颜色的环形排列显示出各种颜色间的关系。环形分为四部分：原色、次色、第三色和第四色。

原色是指红色、黄色和蓝色，这些颜色不能靠其他颜色来形成；次色是结合两种原色形成的，比如：黄＋红＝橙，蓝＋黄＝绿，红＋蓝＝紫；第三色是靠结合同等量的相邻的原色和次色产生的，比如：红-橙、黄-绿、蓝-紫、黄-橙、蓝-绿、红-紫等；第四色是指其他所有颜色的结合体，包括我们眼睛所能看到的颜色。

根据颜色规律，如果我们把色环中直接相对的两种颜色以同等量混合的话，它们会相互抵消，比如：绿抵消红，橙抵消蓝、紫抵消黄，反过来也是一样。另外，由于色彩分暖色系及冷色系，暖色系是红、黄、橙等，冷色系是紫、蓝、绿等，暖色系代表反射率高，颜色让人有一种温暖及明亮的感觉，冷色系代表反射率低，颜色有一种寂寞及深沉的感觉。冷色系色彩可以完全盖掉暖色系的色彩；相反，暖色系就无法改变冷色系。所以在头发染色时，灰白发染暖色系色彩时，会以漂染的方式来处理，不然暖色系就会被吃掉。

2.2.2.2 反光率

反光率也就是光的反射率，其实不同颜色的物质都有本身的反光率，例如三菱镜，以白色的光源投射在镜面上就可产生七种不同的色彩：红、橙、黄、绿、青、蓝、紫。但一般镜子的反射效果，只能反射所投射的光线颜色，反射率是百分之百，而且角度刚好是90度直角。

白色物质的反射率比一般强，因为白色是反射率最高的颜色，它会以多角度的折射远离反射至你的眼里；黄色物质会吸收部分颜色的光线，而强烈的反射本身拥有黄色光源，所以我们的眼睛才能感受到这么明显的色彩；很多人喜欢玫瑰花的红色，因为紫红色也是属于反射率高的一种光线，所以玫瑰红艳丽的色彩也吸引每一个人的目光；黑色是一种反光率最低的光线，它会吸收所有颜色的光线，所以无法呈现其他颜色的光源。

由此可明白为什么冬天穿黑色或黑色系的衣服比较温暖，而夏天穿白色或浅色系的衣服比较凉快的原因。

2.2.3 确定头发的季节型

2.2.3.1 对肌肤、头发、眼珠颜色的判断

在不化妆、不抹油的情况下观察自己的皮肤、头发和眼珠的颜色。由茶色、黄色、红色融合形成的肤色，会因各种色素成分的差异，而产生微妙的不同，所以看上去冷冷的，一般就属于冬或夏，看起来较柔软的就可能属于秋或春。对于不同季节型女性，其适合的发色见表2.4。

春季型女性的发色有淡黄色、金黄色、蜜色、草莓色、太妃红和红棕色等，一般不以灰色为基调。随着年龄的增长，头发的色彩往往会加深。

夏季型女性的头发可能是亚麻色，如果是黑色基调的女性头发可能是浅棕色或者是深棕色，以灰色为基调。

秋季型女性在红发的衬托下显得很耀眼，但是随着年龄的增大，头发会变灰。用暖色调染发会显得比较高雅。

冬季型女性的发色大部分介于黑色和棕色之间，头发很美。

表2.4 不同季节型妇女性适合的发色

春型	夏型	秋型	冬型
灰棕色 蓝黑色 头发变灰后 可自由选择	灰金色 暖灰色 亚麻色 灰棕色 霜白色 头发变灰后 可自由选择	金黄色 金棕色 红棕色 红色 草莓色 头发未全灰时 掩饰其灰发	亚麻色 金黄色 金棕色 红棕色 草莓色 头发未全灰时 掩饰其灰发

2.2.3.2 用各种颜色的衣物或布料挂做比较

有意识地用各种颜色的衣物或布料挂在身上做比较。被人赞美的衣物或自己最喜欢的衣物的颜色，往往是视觉效果最好的，最接近自己肤色的。对于得不到赞誉又穿着无生气的衣服，这一类色系要慢慢清出衣柜，因为这往往与你格格不入。

2.2.3.3 如何改变发色

发色必须与肤色和谐，如果肤色是暖色，就可以在高光部分加上暖金色或红色调。如果肤色是冷色，则可以加上冷灰棕、深棕和黑色调的颜色。如果眉毛是深色，这就暗示头发的自然

色是深色。因此，要避免选用比眉毛浅许多的颜色系列。为了确保新发色和你的肤色相配，请首先向发型师征求意见。如果肤色很浅而且半透明，没有明显的粉色或黄色的底色，那么在选择新发色时将有更大的余地。

2.2.3.4 发色表

发色表见表2.5。

表2.5 发色表

皮肤色调	头发			
	金发	浅棕至中棕	深棕至黑色	红色/赤褐色
浅冷色	光亮部分浅1～3个色度	光亮部分在灰色调中浅1～2个色度或深1～2个色度	光亮部分浅1个色度，或在灰色调中深1或2个色度	用更多红色或红褐色来增亮
深冷色	光亮部分夹杂入浅1～3个色度的颜色会很自然	光亮部分夹杂入浅1个色度的颜色，或深1或2个色度	深1或2个色度，光亮部分以勃艮第酒色加重	加入一些深而浓的红棕色
浅暖色	光亮部分在金色调中浅1～3个色度	光亮部分在金色调中浅，或两个色度或深1～2个色度	光亮部分夹杂入红色或深1个色度	光亮部分用金色或红色调，或深一个色调
深暖色	光亮部分直接用你的自然色颜色	光亮部分夹杂金色调或红色调的颜色	深1或2个色度，或光亮部分用勃艮第酒色加重	加深红色或香料色调中的赤褐色

2.2.4 脸部和发型风格

2.2.4.1 圆型脸

圆型脸的颧骨比眉骨和下颚线宽。整个脸部的曲线是圆形。所以需用曲线将脸形加长。发型自头顶向下梳，任何长度都可以。需避免非常短的样式或中分。

圆型脸是属于活泼可爱的脸型，且显得小孩子气，发型不妨设计得成熟一些。头发要有波浪，以侧分线来拉长脸型，脸颊两侧平梳而上，四边蓬松，采用不对称的发型设计，以轻薄的刘海为设计重点。如果是直发，则需要在头发的中央做长而直的中分线，两鬓用长发遮盖，这样才能在纵向上有加长的效果。

2.2.4.2 长方型脸

长方型脸的眉骨、颧骨和下颚骨的宽度基本一致。脸部的长度明显长于宽度。所以需用宽而长的曲线使脸型柔和、缩短。发型由有刘海的中长发与蓬松的两侧头发搭配较好。避免直长发、顶部高发、露出发际线或将头发梳向脑后。

2.2.4.3 三角型脸

三角型脸的下颚骨宽于眉骨和颧骨。所以需采用垂直线缩短下颚线。通过加宽眉毛和脸庞使脸部平衡。发型的设计上必须使头发的线条远离下颚线，使额看起来宽广一些。短发或齐颈发很适合，且头发蓬松很重要。

倒三角型脸的腭线非常好看，所以发尖松软卷起的发型可突出这个部分。将头发侧分，较长的一边做成波浪掠过额头，发长宜与下巴对齐，让头发垂下内卷，不要遮住下巴及两颊，以免显得更尖。

2.2.4.4 钻石型脸

钻石型脸的颧骨宽于眉骨和下颚骨。下颚线成尖角。所以需利用长椭圆型曲线平衡脸部的宽度和长度的差距。发型上，使头顶和耳部下方的头发蓬松，与颧骨平衡。刘海可以给前额增添饱满感。避免露出发际线和双耳。

2.2.4.5 心型脸

心型脸的前额和颧骨比下颚线宽，形成明显的V字形下颔。所以需要利用曲线和漩涡状线条，使脸的下半部与上半部平衡。发型设计需要用刘海来掩饰宽前额，以避免看上去顶部沉重的发型和极短的发型。长度为长至下颔到肩部之间。

2.2.4.6 椭圆型脸

椭圆型脸被认为是理想的脸型，脸部的长度明显长于宽度。该形既不太宽也不太长。一般使用曲线或角形，大小与脸部成比例，以达到重复脸部的自然平衡。几乎任何发型都适合。对称的线条与椭圆型脸的特点很协调。

2.2.4.7 正方型脸

正方型脸的眉骨、颧骨和下颚骨的宽度几乎相同。脸部的长度按比例来说小于宽度。不太长的有棱角的线条和不对称的线条可以达到脸型加长的效果。在选择发型时，增加头顶的高度，运用成层的或不对称的剪发样式。柔美的烫发曲线，如太阳穴和下颚线处的漩涡状波浪和轻微波浪可以使脸部的骨架柔和化，遮盖住腭骨。

2.2.5 发色整体配搭美学

在设计发型时，必须考虑五个因素：身份、脸型、发质、梳理习惯和生活方式。从美学角度来讨论染发色彩，应由四种基本条件来搭配，才能有协调的美感表现。

2.2.5.1 肤色

肤色是决定我们选择染发色彩的重要条件。我们知道，皮肤的颜色是由褐、黄和红三种原色所组成的，东方人皮肤的深浅由褐色的多少决定，而深肤色的人应选择偏红或橙的色系以调和一下褐色的重量。但不能使用太浅的颜色，这样会让肤色相比之下更深；肤色偏黄的人应选择偏紫红或葡萄红等色系(局部挑染亦可)，因为带冷色系的色彩会让偏黄的肤色更平衡；而肤色偏白的人选择色彩的空间比较大，她们可选择深或黑的色彩来表现深、浅的强烈对比，也可以红、黄等色系来表现柔和的感觉，总之以白或浅为底色，最能表现其他色彩的亮度。

2.2.5.2 眼睛

眼睛与眉毛也会影响发色的协调感，当眼球是深褐色时，发色选择的色彩就不能太浅，这样会呈现太强烈的对比感，让人感觉眼神太强悍而失去美感，而中褐色或浅褐色的眼球就可挑比较浅的色系。然而现代已发明很多色彩鲜艳的隐形眼镜，可改变以往保守的设计空间，当然这种可变性只是少部分时尚人士。另外，眉毛影响发色的原因也越来越少，因为美容业的蓬勃也可使眉毛颜色随着客户的喜爱而任意改变，只需要注意眉毛颜色与发色之间的色差不能太大。

其实选择发色最正确的方法是以眼睛、眉毛和肤色三者之间的自然色系为基础，再选择自己喜欢的调色系颜色。只有这样，才能掌握色彩和整体美感的技巧。

2.2.5.3 性格

人的个性也影响我们对于发色的选择，如果比较开朗的个性就适合比较鲜明的色彩，如铜红色、红宝石等色系，但要注意自然色的色度深浅的控制；而个性比较沉默内向的就适合比较柔和的色彩，如深金咖啡、中檀香、中紫红等色系，让整体感觉不至太冷酷；个性比较稳重成熟的就适合比较沉稳但带点柔和的色彩，如自然系中的中褐、中墨绿金等色系。

2.2.5.4 年龄

年龄的差距也是选择发色的因素之一，前卫的年青人或歌星就适合强烈及亮丽的色彩，如蓝绿、浅紫、鲜红或浅金黄等明显的颜色，强烈的发色及服饰色彩可以吸引每一个人的目光；25～35岁之间的中青年可以加强色彩的光泽度和明亮感，如中铜金色、中铜红色等明亮的色系，让其增加一些潮流感和冲动；35～50岁之间可以选择一些比较稳重成熟的色彩，如中紫红色、中紫罗兰色等色系，让其在稳重中又带点柔和感；50岁以上的人士就比较适合自然色系为主的颜色，也容易完全把白发盖过。

2.2.5.5 流行色

谈到流行染发色彩就要了解整体流行趋势，因为发型的变化是依靠流行服饰色彩、化妆品色调以及一些饰物互相搭配的，所以我们也应用流行服饰的颜色来参考。

1997年春、夏的服饰大多以鲜明的颜色为主体，如浅墨绿、浅军绿、砖红色、鹅黄色等，而发色可用中铜红色、铜金色等色系与服饰互相呼应。当然也要依据化妆品的色系来研究，其实选择色调的空间很大，但不能与主体脱离太远，或者与主体呈强烈对比，或者与主体互相呼应，或者与主体同色系但以深浅比较来表现色彩的层次感。

2.3 服饰的配色方法

2.3.1 服饰配色的目的

客观地说，色彩中的单色如同单个文字一样，本身没有善恶美丑之分，也可以说是没有触觉和味觉的东西。只有当两种或两种以上的颜色组合在一起时，颜色之间的彼此冲突与调和才能让人感觉出好或不好、优或劣的效果。换句话说，色彩的美感是建立在色彩关系的基础上表现的一种整体感觉，这种关系是否恰到好处已成为配色成功与失败的关键。

对于色彩搭配的评价，不同的人随个人的主观喜好也许会有天壤之别。但是，在这种差异的基础上我们还是能找到许多共通的原则，也就是多数人肯定的共有的美感。

服装的配色目的可以分为三种：第一种为纯粹追求美的服饰配色，如艺术性和欣赏性较强的服装；第二种为重视实用性机能或者是特殊服饰的配色，如桔色的环卫工人服和交通警察的荧光布装饰的服饰，主要是为引起别人的注意起到警示的作用；第三种为介于美与实用之间的服饰配色。

2.3.2 配色的基本方法

2.3.2.1 色彩调和

配色的依据不少，其中容易理解的是所谓色彩调和。调和指的是两色彩配衬时，有鲜明、和谐、悦目的形象。虽然色彩的调和不是配色的全部，却是构成美的形式的重要条件之一。

色彩有各种不同的性质与差异，这是由色彩的色相和色调所决定的。不同性质的色采相配，感觉自然就有差别。不过，就某一颜色而言，很难绝对地说某一色就必定配得好，某一色就必定配得差。它们只存在着比较容易相配、比较难相配的问题。

例如，两色的色感不太强，或一方略受抑制，或两色性质相近，都比较容易协调。相反，两色色感强烈，又或有强烈的对照相斥感，则调和就比较难。时装配色，在时装观感为前提下，尚要讲究其色彩性质相互作用：或两相和悦，或平凡易取，又或衬出强烈印象等等。在研究调和的时候，首先要决定哪一种色作为主色。

2.3.2.2 强调色

只求单方面颜色的协调是不够的，它还要与色彩的形、面积、位置等相互间的比例、均衡和节奏等关系要素同时考虑。三色以上配色时，以什么色为强调色或主体色好呢？最容易处理的是用点强调的方法，点强调的用色份量虽然小，但其色感或性质对整体有左右的作用。

2.3.2.3 同系异色调

同色相或近色相配色，常用不同色调以取调和。同系色或近系色配色是一种统一调和，比较容易处理。一般来说，以不同色调作协调更好。这类配色的印象多是古典、女性化、传统、保守、正规性的。统一调和虽然处理容易，不会出现排斥的感觉。但如果不做些变化，也容易流于平凡和乏味。例如，加些强调配色，往往效果不错。

配色需要注意的是，不能单纯以为同系异调就属于美，它仅仅是构成美的配色的其中一种关系，在时装上，更要斟酌来处理。

2.3.2.4 同色调

同色调配色以色调为统一调和（同调或近调），以色相差异来取变化。同色调配合时，则以色调为统一调和（同调或近调），以色相差异来取变化。同色调配合时，淡调、暗调、浊调等彩度低的色调，比较容易处理，而鲜调、强色调、深调等由于色感强，就不大容易配得协调。

2.3.2.5 对照色

对照配色是以近乎相反性质的色相配，各自突出相对的色感，因而有强烈的印象。同系异调配色，若色调相差很远，就是对照配色，而同调配色中的强色调，采取对照色相或异色相，是更强的对照配色。色彩对比作为色彩构图中的对比，可有同类色对比、邻近色和对比色以及互补色对比。

由于对照配色是互相衬出相反的色彩性质，因而配色起来较难。成功的配色有鲜明感、劲度感乃至年轻活跃感。它们常见于流行便服、运动便服、民族服之类观感的服装样式，但另一方面却容易产生花俏、俗艳、轻浮的感觉，不够时尚。因此用这类配色，也要按照服装种类来斟酌决定。

2.3.3 单色配色

单色服装的选择是服装配色的重要组成部分，具有较高层次的审美价值。一般来说，单色服装给人一种文化修养高的感觉。通常，教师等大多穿单色服装。单色服装的配色根据人的体型、年龄、性别、经济状况而异。四季服装中以无彩色为主。寒冷的冬天，人们多数穿黑色和深色的服装；炎热的夏天，人们多数穿白色和浅色的服装。其次，作为辅助的服装色彩有红色系列、黄色系列、绿色系列、蓝色系列、紫色系列等。单色服装除了以面料的质地、肌理等各种表情进行配色外，更以色彩的审美作为单色服装的重要配色手段。

在所有的着装配色技巧中，最简便也是最稳当的方法就是单色配色。譬如，如果你喜欢绿色，那么你就选淡草绿为主，再加上草绿、深绿等，都是可以和淡草绿搭配的颜色。另外，还可以加入黑、白、灰无彩色系的颜色。从原则上来讲，单色配色应保持一个色相，其他相同色相的颜色，只在明度上寻求变化，但这里有一点需要注意并掌握，即低彩度的颜色使用面积要大，高彩度、高明度的颜色使用面积要小，以求平衡。处理面积的大小是基于以下两个方面的考虑：第一是高彩度、高明度的颜色作为点缀强调色，是让人第一眼就能注意到它，然后再看到其他的颜色，因而它的面积宜小不宜大；第二是这样处理面积是为了以求变化，因为单色相配色容易显得平板乏味，而增添一些高彩度或高明度的颜色以弥补搭配中的不足，即所谓的“统一中求变化，变化中求统一。”不过，这里所说的高彩度或高明度的颜色，是指其彩度或明度稍微高过大面积的颜色即可，否则，如果两者相差过于悬殊，容易产生不平衡感，甚至低俗感。

2.3.3.1 无彩色的选择

由于黑、白、灰的彩度为零，故它们又被称为“无彩色”。在无彩色中，灰色的层次最丰富，变化也最多。又因为黑、白、灰属于中性色，所以很容易和其他颜色相搭配，即使它们之间互相搭配，服饰效果也非常令人满意。更何况黑、白两色相间，由于黑白面积的变化，可以产生出多种灰色调，这就大大地丰富了黑白服装的配色效果。所以说，黑白服装清新、醒目、明快，是最好的服装配色(见图2.25)。

无彩色的黑与白是所有色彩的两个极端，是色彩的起点和归宿。黑与白既矛盾又统一，相互包围、相互补充，单纯而洗练，节奏明确(见图2.26与图2.27)。所以，无彩色无疑是人们最喜爱用的服装色彩。

黑色服装给人以优越感和神秘感，是高贵风格的表现方式。如黑色晚礼服、黑色皮革套装、黑西装，都表现了人的优雅状态和高雅风度。胖体型的人穿黑色服装有变瘦的感觉。

图2.25

各种质地、肌理的黑色服装与人们的肤色相衬托，形成一种高贵而神秘的意蕴，从而使着装者文质彬彬，具有学者风度。但是，黑色也具有悲哀的象征，是丧服用色。

西方人认为白色象征幸福、纯洁，所以用白色作为婚礼服的颜色。生活中的白色多褶连衣裙，下垂的衣纹造成一种庄重感。白色更是人们喜爱的夏季服装用色。

灰色服装是黑色服装的淡化，是白色服装的深化，所以，它具有黑色和白色两者的优点，更具高雅、稳重的风韵。灰色的西服、茄克、套裙，在社交场合穿用，能产生一种温文尔雅的气度。

图2.26

图2.27

2.3.3.2 有彩色服装的选择

有彩色服装的选择，首先要考虑个人的体型、肤色和面料的材质。以个人爱好的色彩为依据，根据不同季节的环境、色彩等来进行配色，是一种创造性的审美活动。

1）红色系服装：由具有热情、喜悦象征的红色，伴随着各种质地面料而组成的红色服装，概括为偏紫的玫瑰红系列和偏黄的大红、朱红系列等，组成多种多样的红色服装配色。例如，用波纹绸和乔其纱制作的红色连衣裙，具有柔美的表情；用闪光的紫红色丝绒做成的礼服，具有大胆、热情和高贵华丽的表情；红色棉布制作的衬衫具有勇敢、坚定的表情；带蓝味的红色尼龙绸制作的防寒服具有冷漠、稳重的表情；各种质地的红色运动服、旅游服，能表现出年轻人热情、活跃的性格；带黄味的桔红色T型裙装与白色肌肤相配，产生一种亲切可爱的表情，与黑色肌肤相配，则产生一种粗犷奔放的表情。

2）黄色系服装：高明度的黄色系服装具有一种物质化的白色特性和无重量的特点，所以黄色系衣服能产生飘逸、跃动、华美的表情。黄色服装是黑皮肤人的最佳色彩选择，其强烈的对比效果可以产生一种粗犷奔放的美感。黄色服装也可以是浅肤色人的配色，产生一种可爱活泼的表情。

3）蓝色系服装：蓝色系服装具有色彩的特性空间。纯度高的艳蓝色服装，具有一种华丽而向内的张力，有收缩体形的错视作用。

不同质料、不同明度的各款式蓝色服装都有一种内在的魅力，如天蓝色服装有希望之意蕴；碧蓝色服装有青春之意蕴；深蓝色服装富有稳重和谦虚的感觉；群青色服装更加深邃，使人难以捉摸，从而产生一种豪华、高雅的独特个性；藏青色服装显得老练、沉着；带红光的深蓝色服装显得飘逸而华丽；带绿光的深蓝色服装显得端庄；混色蓝服装显得优雅。

4）绿色、紫色、粉色系服装：绿色、紫色、粉色系服装均具有中性色的性质。白皮肤的青年人穿黄绿色的服装，有一种欣欣向荣的清爽意味；黑皮肤的人穿上孔雀蓝或黄绿色的衣服，就会产生一种冰冷的孤独滋味。华丽的孔雀绿、高雅的橄榄绿、深沉的苔绿等各色服装都有一种复杂的、细微的表情，别具一格，选择时一定要以肤色的明度变化为依据。

紫色服装具有一种神秘而不可思议的表情，并有一种逆向的诱发力，从而产生了紫色的矛盾表情。

高明度的粉色套装是年轻女性的理想服装色彩，产生一种清高、柔媚的感觉。深粉色服装更具华丽、大胆的个性。

2.3.4　两色配色

调性是指一组配色或一个画面总的色彩倾向，它包括对色彩明度、色相和纯度的综合考虑。它的目的是创造不同的色彩风格。在配色的方法中，可以通过这三种属性为主体进行配色，包括以色相调子为主的配色(见图2.28)，以明度调子为主的配色(见图2.29)，以纯度调子为主的配色(见图2.30)。

2.3.4.1　明度配色

在两色构成的服装色彩中，由于色彩形成的明度对比，亮色更亮，给人以轻感、暖感、冷感、弱感、明快感、兴奋感、华丽感；暗色更暗，给人以重感、硬感、暖感、强感、忧郁感、沉静感、质朴感。所以，运用明度对比配色是构成服装色彩的关键。如服装与配件的色彩、内外装色彩、上下装色彩，以及服装色彩与面料肌理的明度对比，可形成朴素、优雅等各种色调感觉。

各种视觉引起的感情因素和色彩的同一性、连续性，构成了色调的类似性或对比性，同一性和连续性的因素与其他要素的对比又形成了色调的节奏感。在两色服装色彩的构成中，有秩序的连续间隔而产生的中明度对比配色是至关重要的，这种对比使服装产生极为明快的色彩效

图2.28

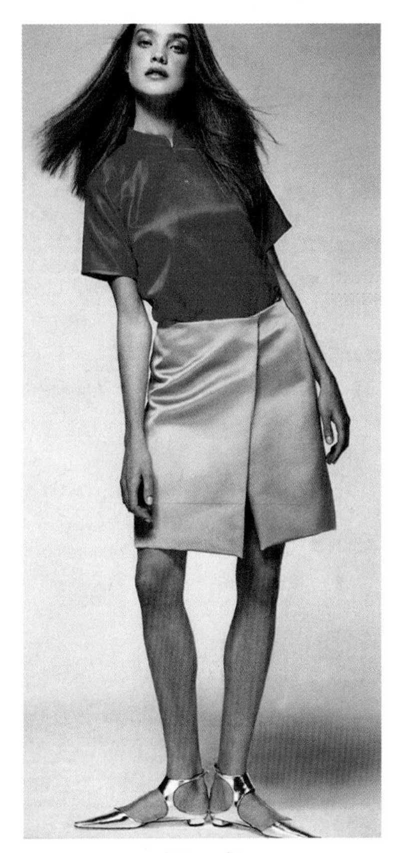

图2.29

图2.30

果；反之，只有色相节奏或纯度节奏时，服装的色彩效果显得模糊不清而难以识别。

色彩三属性之间类似性与对比性的适当平衡，取决于色彩明度的面积比例、色彩轻重比例的组合，构成单性调和的服装色彩。以明度或纯度或色相的关系对比组合，构成双性调和的服装色彩。所以，由于明度差别可形成不同明度节奏的色调。

2.3.4.2　色相配色

色相配色是建立在色性之上的总的色倾向和色相对比度。以色相来划分冷暖关系是由人们的心理作用引起的，最直接，也最容易出效果。当冷暖两色构成对比时，产生了冷暖的倾向，构成了冷暖对比色调，或冷色调，或暖色调。如红色和蓝色对比构成的服装色彩，红的更红、更暖，蓝的更蓝、更冷，形成了对比色相的对比调和调子(见图2.31与图2.32)。又如以黄色和红色构成的服装色彩，由于同时对比而形成冷色向暖色移动的效果。红色和黄色对比时，黄色向红色靠拢，形成橙色感觉，构成暖色调。而黄色与蓝色对比时，蓝色向黄色移动，形成冷暖对比色调。

图2.31

图2.32

2.3.4.3　纯度配色

以色彩纯度变化为主的鲜色调、含灰色调、灰色调的服装色彩组合形式，具有柔和、庄重、甜美的特点。配色方法和明度配色相类似。

2.3.5　多色配色

在多色配色中，首先要确定主色与过渡色的关系，也称“固”与“流”的关系。“固”指大面积单色的冷抽象状态，各色之间联系少，各自固守一方，显示出一种凝固的感觉。“流”指以点、线、面的热抽象状态，显示出一种流动的感觉。

“固”与“流”是一种矛盾的关系形态。由于多色的配色是采用简化构成的技法定色、定调，其实质就是采用“固”与“流”的方法定色、定调。当采用以“流”为主的手法时，产生了动的意境，使服装具有节奏感，产生活泼、富丽的格调。当采用以“固”为主的手法时，产生静的意境，使服装具有稳定的格调。当采用“固”与“流”相结合的手法时，使过于“流”的色彩组合适当地凝固起来，使过于“固”的色彩组合适当地流动起来，效果既统一又有变化，从而形成多色配色的各种节奏对比调和技法，格调独特多变(见图2.33与图2.34)。

2.3.5.1　换色法

服装色彩的换色是指定形、定位而不定色的配置方法，也称换调。有彩色和无彩色的组合花纹中，本身就包含着二色、三色的转换，即有彩色和无彩色的面积、位置的转换。无彩色起到同一性的印象和联系，使互相对比的色彩有了互相联系的因素，使配色效果既统一又艳丽，既稳重又活泼。

图2.33

图2.34

2.3.5.2　分割与包围法

多色配色中，在相互对比的两色之间插入第三色，改变其色调的节奏，或者当两个大面积色块明度、纯度极相似时，可以插入另一个色进行调节。这个第三色可以是色条、色线、色束的形式。通过第三色分割或包围的形式，使高调变为中间调子；使中间调子变为弱调子或强调子，使弱调子变为中间调子或强调子。

2.3.5.3　渐变法

渐变法在多色配色中，必须以三个以上的色阶或阶段的结构形式，以规则渐变的变化过程，引导视觉从一色转到另一色的渐进效果。强调间隔相等，以秩序取得和谐的效果。使原来强对比的色彩因此统一起来，具有独特的韵律感。在实践中以色相渐变、明度渐变、纯度渐变三种技法为主。

2.3.5.4　优势法

在多色配色中，色相、明度、纯度关系错综复杂，很容易引起色调的不协调，于是采取在聚集的各色中，共同加入一种色彩倾向，缓和原来的对立状态，获得配色的成功。这种处理色彩关系的技法称优势法，也可理解为同色构成法，由于同色构成手段简明，设计者的判断、检查以及理智运筹于色彩的调配中，形成配色控制优势，从繁琐的配色中解脱出来。

2.3.5.5 透叠法

非发光体的物体除了因反光给人们色彩感觉外，还有因透光给人以色彩感觉。透明的衣料叠置时，会产生新的色彩感觉。

两色叠出的色彩相貌大体上相当于两色的中间状态，纯度下降。距离是构成色彩头饰的另一个重要因素。色彩具有空间混合的效果，几个不同的色彩，在一定距离内，经过交叠、渗透、融合，在视觉上形成一种缓冲过渡色。

2.3.6 风格服装的配色方法

服装的款式、色彩和造型之间有着紧密的有机联系，在此，对不同风格的服装配色作如下简要分析：

1）经典风格：经典风格的服装典雅大方，线条简洁流畅，带有传统服装的特点，也是被大多数女性接受的、讲究穿着品质的服装风格。经典风格相对于其他流行风格来讲趋于保守，受流行影响较小，稳定性较好。这类风格服装的色彩一般以无彩色、灰色系、褐色系以及深蓝色系为主，包括深蓝、酒红、墨绿、宝石蓝和紫色等颜色(见图2.35与图2.36)。

图2.35

图2.36

2）前卫风格：前卫风格具有超前流行的设计元素，追求的是标新立异，个性彰显的服装风格，与经典风格背道而驰。在色彩的处理上，往往不受色彩审美原则的限制，颜色大胆出跳，具有强烈的视觉冲击力(见图2.37～图2.39)。

3）运动风格：运动风格是借鉴运动装设计元素，具有较强的都市气息的服装风格。在色彩方面，选用鲜明光亮的颜色或白色，以及各种高明度的红色、黄色、蓝色在运动风格的服装中经常出现（见图2.40～图2.42）。

图2.37

图2.38

图2.39

图2.40

图2.41

图2.42

4）休闲风格：休闲风格是近年来盛行的一种风格。它讲究穿着的舒适性和随意性，是适合不同阶层日常穿着的服装风格。色彩明朗单纯，往往具有特征（见图2.43与图2.44）。

5）优雅风格：这种风格具有较强的女性特征，是讲究细部设计、装饰与廓型比较女性化的风格（见图2.45）。色彩多为柔和的灰色调，用料比较高档。

6）中性风格：中性化风潮在20世纪60年代达到顶峰。它是男女皆可穿的服装。在女性服装中，弱化女性特征色彩、借鉴男装设计元素是此种风格的常用设计手法（见图2.46～图2.48）。在色彩上，中性风格使用明度较低、带有灰色调的颜色，较少使用鲜艳的颜色。

7）民族风格：民族风格是汲取民俗服饰元素，具有复古和怀旧情调的服装风格。它以民族服饰为蓝本，以不同地域文化作为灵感来源，注重服装穿着方法和长短内外的层次变化。在色彩上，根据不同地区、不同民族的风土人情与色彩搭配特点，选用比较浓艳和对比强烈的情调色彩（见图2.49与图2.50）。

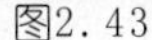
图2.43

图2.44

图2.46

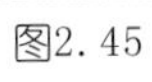

图2.45

图2.47

图2.48

图2.49

图2.50

2.4　整体形象的配色原则

在选择整体形象的配色时，我们要考虑三个问题：是否适合你的个性？是否适合你的肤色和身材？你是否真正了解不同色彩的个性？

2.4.1　服装色彩与整体美的关系

人体美与服装色彩形式，两者是统一的、不可分割的整体，从而构成了服装整体美的形态。服装的色彩美，存在于主体与客体，即人与色彩诸要素、衣料诸要素相互生成的对象关系中。人对服装色彩的审美是一种客观存在的人为关系，是一种主客体之间和谐自由的审美关系，也是人的理智与意志和谐统一。

服装色彩的审美是自由的，每个人都可以按照自己的意愿来选择心中的时髦色彩，社会的各阶层、各民族、各国家都在选择象征自己的色彩。所以，服装色彩可以说是社会的合力场，具有调节人们心理的功能和社交的功能。人们通过对服装色彩的审美，所激发的精神力量、认识能力、评价能力尽管存在着差别，但能形成人的价值和属性，使人变得崇高，使人与社会的关系得到扩展和丰富。

人与服装的关系，即着衣方式与人的体型相匹配。服装的主要功能是实用和美化人体。对于标准体型的人来说，服装色彩是突出人的阳刚美、曲线美；对于体型有缺点的人来说，服装的色彩更为重要，经过着意设计，把体型不美之处加以掩盖、弥补，求得组配得体的效果。人们常说："三分人才，七分打扮"。中国明代一位美学家也说："人有生成之面，面有相配衬之衣，衣有相配衬之色，皆一定而不可移者"，都是强调服装与色彩组配与着装者的年龄、体型，与季节、场合以及时代背景、风俗习惯不可脱节。

2.4.2 服装色彩与肤色的关系

肤色是服装色彩设计意识中的主体依据，在服装色彩各种因素的协调关系中，肤色是决定因素。人的肤色大致分黑色、黄色、白色三种。每种肤色中也有明度的差异，如中国人为黄种人，大体都是黄色肤色，但也有偏向白皙的颜色，也有偏向黄黑色的肤色，也有白粉色、棕色等明度变化。不同明度的肤色配上恰当的服装色彩都会产生美的效果。一般情况下，人的肤色、发色、眼睛色是从父母那儿继承下来不变的，但严格地说，受自然界的影响，四季变化也会改变人的肤色，例如：春天，阳光明媚，在暖融融的气氛中，人的肤色相应地呈现出粉黄色，像盛开的花朵，所以人们春装的色彩选择应以清馨的杏黄色为基调，像金褐色、桃红色、淡蓝色、金黄色等，与春天的气氛相和谐；夏天，天空晴朗，树木苍绿，人们的肤色倾向于米黄色，服装的色彩应采用蓝色、玫瑰色、灰色为基调，像浅蓝色、淡粉色、褐色、藏青色、红色、淡紫色、玫红色等；秋天，呈现出一派生动强烈的色彩气氛，人们的肤色因人而异，白皙肤色的人以象牙色为主，黑肤色的人以古铜色居多，所以服装色彩应选择以金黄色为基调，像深褐色、米色、桔红色、金黄色等；冬天，大自然的色彩是冷色调，人们的肤色多数为灰褐色或米色，所以服装的色彩应选择蓝色、玫瑰色、灰色为基调，像藏青色、黑色、白色、红色、灰色等。

在服装色彩的构成中，一般以肤色的明度变化为主色调，以服装色彩的色相、纯度、面料的肌理、面积、形状等因素为副色，构成综合对比的色彩效果(见图2.51)。比如白皙肤色和深色服装相配色，可以形成明度对比配色，又如白粉色肤色穿淡黄色的服装，构成同一调和的配色。

图2.51

在服装的配色中，肤色与面料的色彩要做到明度对比，尽量避免肤色与面料色彩的弱对比而使其造成人的精神萎靡不振的土气效果。在人们的服装配色习惯中，黑种人爱穿柠檬色、橙色、白色等高明度的服装，形成了他们特有的民族特色——粗犷美。中国人的黄肤色配以深色的服装，使黄肤色增加白皙感，构成朴素的明度节奏配色。

肤色与面料等因素的节奏组合，是以表现人的生命力为目的的设计意识。

2.4.3 服装色彩与发式、发色的关系

在现代美容中，一个符合个性气质的发型能增添与众不同的风采，所以发型的设计意识也是很重要的。发型的千姿百态，其重要的特征是突出个性。发型通常可归纳为复古型、动感型、回归自然型。追求发型因人而异，不能随大流。以个性的服装色彩配相应的发型，能创造特殊的服装配色意境。

目前国外美发界以准确的修剪方法塑造各种发型，并配合烫发、染发来改变头发的质感和色彩感，突出每个部位的特殊效果，给人以新奇脱俗之魅力。

目前国内流行长发和超短发，和服装款式变化形成同步的流行趋势。长发中，以直线条或长卷发为主，在前穗和两鬓为变化部位。长发在不同场合可束可放，也可换成不对称发髻的各种发式，所以也可称长发为一式多变型。长发和服装色彩、发卡色彩、发带组合成或轻松漂亮、或优雅迷人、或奇异夸张的服饰艺术意境。在流行的短发中，以突出头部整体外形特征为主，外形线条变化多样，虚实结合，以柔和的线条和局部烫发来体现造型特征，如有流海、无流海、高层次、低层次和不对称等短发型。男发型流行简单明快、刚毅的线条，两鬓变化求短求棱角，整体发型蓬松自然。

2.4.4 服装色彩与服饰配件的关系

服装的配件色彩即局部的点缀色彩，起调整和辅助的作用，使服装色彩更加完美，更具魅力。因此，配件色彩与服装色彩的关系是主从关系，是局部与整体的关系。所以说，离开总体服装色彩的配件色彩是不存在的。然而，点缀色也具有倔强的个性，绝不可随便依附于任何主体，乱用点缀品。不适当地夸大点缀物，会造成色彩关系的混乱，产生丑的效果。

点缀品也绝不是可有可无的，色彩敏感的人可以体会到，得体的装饰品使人充满青春的活力，生气盎然；反之会使人黯然失色，缺乏生气。点缀物的作用如此可贵，用与不用大不一样。一旦佩戴相应的服饰品，就可以达到美化的目的。同时，服饰美能反映出一个人的文化修养和精神面貌。服饰配件因头饰、挂饰、腰饰、面饰、脚饰、颈饰耳饰等不同用途，产生了各种不同种类的配件装饰品。如金、银、宝石制作的项链、手镯、耳环、戒指、胸花、别针等，还有不同材料质地制作的发卡、纽扣、腰带、方巾、帽子、鲜花、绢花、提包、袜子、鞋、伞等(见图2.52～图2.56)。

图2.52

图2.53

图2.54

图2.55

图2.56

由于服饰品在服装色彩中扮演配角，所以服饰品的色彩大多是中性色或无彩色，起到点缀作用，以达到单纯简洁的完美服装配色。在使用这些装饰用的点缀色时，一般采用统一融合的方法。另外，在统调的服装配色中，以面积悬殊的对比色作点缀，起到呼应和关联的作用，或起到强调、分离、淡化的作用。服饰配件的色彩虽然是配角，但对整体服装配色却不可忽视。

由于现代服装中装饰线丰富多变，如采用不对称的划分形式、斜线划分形式、交叉划分形式、自由线划分形式、多种线组合形式等都离不开运用服装的配件色彩来组合。例如服装配件方巾的色彩，在组合不对称线的划分形式中起到不可忽视的作用。

使用自由线划分形式时，装饰腰带是最突出的使用对象。通过腰带色彩的对比或类似的手法，实现整体服装色彩的和谐(见图2.57)。

2.4.5　整体外观规律

1）色彩：运用前面学到的配色原则，正确选择和搭配。

2）风格：这里指的是每个人的整体风格，而不针对服装的风格。所谓“人穿衣，而非衣穿人”，所以，要把握好自己的风格，才能让你的衣橱更好地发挥作用。

3）轮廓：轮廓是你所穿衣服的外形，它决定着体型的观感，必须确定你所选择的样式能更

图2.57

图2.58

好地改善你的轮廓和体型。

4）面料与质地：面料的不同使衣服看上去有廉价和高档之分，在搭配不同面料制做的单件服装中，要保证这些面料彼此协调。你的发质、肤色、面部骨骼都在一定程度上决定哪些是适合你的面料。

5）印花与图案：印花或图案的大小应与你的体型成正比。你所选择的印花或图案的颜色包括在你的调色板上的颜色之内(见图2.58)。

6）配件：配件是给服装饰以润饰的闪光点，搭配是否适宜起着关键的作用。配件的色彩和形状必须和整套服装相配。所以选择一些品质精良的配件对整体风格的影响很大，如图2.59中的头饰对服装整体搭配起到修饰作用。

7）主题：通过将衣服的每个部分协调搭配可以获得一个统一的主题。例如，裤脚有翻边的毛料与露脚趾的、后跟敞开只有一条带子撑住的高跟鞋搭配时，就不能获得统一协调。

8）头发与化妆：发型应该烘托整套服装的主题，或与之相协调；化妆品不仅要能改善你的自然色，而且还要符合整套服装的色彩搭配原则。

2.4.6 “T.P.O”原则

在考虑肤色、化妆、饰品和服装的色彩搭配处理的同时，也必须遵循“T.P.O”原则，它也是整体形象设计实用性的检验。

T是“Time”的缩写，意思是穿着的时间与季节。

P是“Place”的缩写，意思是穿着的地点与场合。

O为“Object”的缩写，意思是穿着的目的或穿着对象。

在整体形象配色当中，这些规定和要求都是必须考虑的条件。

图2.59

附一：夏季选用鞋子的常规色彩

春型：本白、黄棕、海蓝；
夏型：本白、玫瑰、海蓝；
秋型：黄、黄棕、棕；
冬型：白、黑、灰褐。

附二：冬季选用鞋子的常规色彩

春型：中棕、黄棕、海蓝；
夏型：海蓝、灰、玫瑰棕；
秋型：深棕、黄棕、橄榄；
冬型：黑、海蓝、黑紫。

3

色彩分析

个性色彩分析
色彩心理学
色彩四季论
色彩风格
色彩搭配规律

3.1 个性色彩分析

3.1.1 色彩的印象联想

人们从自己的生活经历、人类的发展经历中，出现过各种各样与物、与现象密切相联系的色彩。就是说我们看到联系时，不仅仅感到物体的色，而且感到物体具有的形象。

心理是人内心活动的一个复杂的过程，它由感觉、知觉、思维、情绪、联想等不同的形态组成。视觉只是感觉的一种，当视觉形态的形与色作用于心理时，并非是对某物或某色个别属性的反映，而是一种综合的、整体的心理反映。

色彩的特性事实上是色的印象共性。冷暖印象并不是颜色所代表的温度，而是人们对色印象联想概括出来的。色彩人格化的移情，暗示着它具有不同的性格和表现力。色彩常常具有多重性格，任何色彩的表现性既有其积极的一面，又有其消极的一面。

色彩的联想因人而异，但综合来说，人们的共同经验对色产生共同的情绪和印象。人是有群体性的，由于气候、风土、习惯和民族渊源不同，人们处于不同的群体中，不同的生活经历和文化背景，对同一色彩会产生不同的印象和好恶。

3.1.2 色彩的性格与表现力

3.1.2.1 红色

在意大利时装设计大师华伦天奴眼中，“红色是一种迷人的色彩，它象征了生命、鲜血与死亡，爱与同情，是治疗哀怨的良方。”

在光谱中，红色的光波最长，是最突出的一种色光，在生活中它是最具活力的一种颜色。红色给人的第一印象是温暖、浪漫、性感、富有挑战性。

红色象征生命与活力，它也是中国人最喜欢的颜色，是中国人心目中最富贵的颜色，是传统的喜庆颜色，体现出热烈的情绪与激情。但中国人所喜爱的红色，并非色彩学中的红色，而是偏向橙红味的红色，也就是在红色里加了一点黄色，因此，明度较红色高，比较受欢迎。

对于不同性别而言，男性比较喜欢黄调的红色，而带蓝调的红色则首先吸引女性的注意力(见图3.1～图3.3)。

红色的联想包括圣诞和情人节，但它使人感到热，也使人联想到魔鬼。红色也是一种扩张的颜色，它很容易被别人注意。开朗外向的人常常穿红色。在一套服装上，人们的注意力集中在被红色覆盖的部分。红色有很多种，很多风格，它可以跟很多种其他颜色相配，也可以作为

图3.1

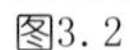

图3.2

图3.3

一种明亮的中性色。

3.1.2.2 黑色

时装设计大师克里斯汀·拉克鲁瓦(Christian Lacrois)曾经谈到他对黑色的感受：“黑色是一切的开始，是零，是原则，是载体而不是内容，如果没有它的阴影，它的凹凸，如果没有它的支持，我认为其他的色彩都不存在。”

在科学名词中，严格来说黑根本就不是一种颜色，它是物体完全吸收日光时呈现的“颜色”。但是在我们的日常语言里，它是一种颜色。因为黑色是丧服色，所以它使我们联想到悲哀的事情和死亡。又因为黑吸收热，所以在炎热的天气里，黑色让人觉得燥热。

尽管黑色有些不尽人意，但是在服装上黑色是一种富有多样性的颜色。黑色的服装显得成熟、权威而性感。黑色能弥补体型缺陷并使人看起来比较苗条。黑色作为夏装的颜色，任何肤色都可以穿用。如图3.4与图3.5中的黑色与浅色和亮色搭配都非常好，所以如果你的衣柜中没有黑色，你就少了一种最富有多样性的中性色。黑色作为泳装色效果最好，因为它和晒黑的皮肤形成对比。

对穿黑上衣的人来说，如果黑色贴近脸部，这个人脸部的颜色最好对比强烈。对比强烈的意思是头发的颜色明显比肤色浅或深，日色皮肤和月色皮肤都是这样。肤色较深的人不宜穿黑色服装。黑色会强调病黄色以及苍白的肤色，即使很适合于黑色服装的人在疲劳乏力的时候也应该避免使用黑色。

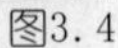
图3.4

图3.5

3.1.2.3 蓝色

蓝色象征着理智与清醒。它常常与冷静沉着、博大精深的品质联系在一起。在欧洲文化中，蓝色是神的代表色。天空一碧如洗，又让人感到蓝色的平静和凉爽。蓝色的这种意义，又由于它在三原色中处于中间色的地位，把蓝色和其他颜色相配，几乎都能取得较好效果，即使单独使用，其效果依然很好。

蓝色是大多数人成年以后喜爱的颜色。海军蓝和白色使我们想起精干的航海服装，美丽的服色由于和浩瀚的大海以及晴朗的天空和谐地融合在一起，让人更加感到他们的英武与矫健。它也是最富多样性的深中性色之一。冷色皮肤可以穿深墨色海军蓝，暖色皮肤应选择清爽明亮一些的海军蓝(见图3.6与图3.7)。

藏蓝是一种温和的蓝色，常常用在医院的特别护理病房里，因为它有一种镇静作用，它是一种自然镇静色，不像粉蓝那样造成心理上的压抑。

牛仔蓝在西方社会变成以蓝色为基调的过程中，起了很大的作用。各种蓝色，从适合于暖色皮肤的温暖的钴蓝和蓝绿色，到很适合于冷色皮肤的灰蓝色，在时装及室内装潢上反复得到使用。

图3.6

图3.7

图3.8

3.1.2.4 紫色

紫色是一种华贵而又不安定的颜色。在古代，紫色是从一种软体动物身体中提炼制造的，所以价格昂贵。而在社会生活中，由于它的稀少和贵重，紫色成为皇室与贵族的专用色。英语中的紫色purple，意即王公贵族的意思，就由此而来。在古希腊，紫色还是神的代表色，它是众神之王宙斯的颜色，在古罗马，它也是主神朱庇特的化身。

但是，在现实生活中，紫色和别的颜色很难搭配。在时装上，紫色作为一种奇特的颜色被谨慎地使用，尽管它确实有着独立的时装循环过程，并且有时候相当流行(见图3.8与图3.9)。

紫色是蓝色与红色的混合色，属于不冷不热的中性色。偏红时，它就带有暖味；偏蓝时，就带冷味。紫色经白色亮化，就成为薄荷淡紫色，这种颜色适合于老年人的皮肤。如果用淡淡的粉紫色来做春夏装，其效果柔和典雅，可以充分衬托出女性的高雅。

对于肤色深棕的人来说，紫色是一种很好的颜色。温暖的紫罗兰色和暖色调棕色皮肤相配，非常迷人。雪青色和冷调棕色皮肤相配效果很好。

图3.9

3.1.2.5　黄色

黄色是眼睛所感知的第一种颜色，这是由其波长及光波的强度决定的，所以黄色很容易被看到。在暗色的花纹里用上一点儿黄色，颜色就要活泼得多。它是阳光的色彩，给人们带来光明与温暖(见图3.10与图3.11)。

黄色是所有颜色当中最疯狂的一种。从正面来说，它看起来阳光灿烂，清爽而新鲜。但是如果它作为衣服和环境的主要颜色，效果就会很糟糕。它引起人的焦虑和不良反应。在黄色的环境中，人较容易失去控制。

暖色皮肤的人比冷色皮肤的人更适合于黄色，但把黄色作为贴近脸部的服装色以前，无论如何都要仔细地评估一下。黄色作为强调色效果很好，但是作为整套衣服的颜色往往不好看。黄色是成功的泳装色，因为明亮的黄色能很好地衬托棕色或是晒黑的皮肤。

即使黄色被黑色或白色冲淡，仍保持原有的冲击力。芥末色会使许多肤色泛黄，而且很厉害，总的来说，既不适合暖色调皮肤也不适合冷色调皮肤(见图3.12)。

在中国，黄色历来都被视作一种高贵的颜色，皇权的象征。在帝王时代，对一般百姓来说，它是被禁用的颜色。黄色的尊贵，在东方的几种古老宗教中也得到了体现，道教、佛教、印度教以及儒家思想，黄色都是地位最高的色彩(见图3.13)。对于中国人来说，黄色衣服不是不能

图3.10

图3.11

图3.12

图3.13

穿，而是要在了解自己肤色的前提下穿。对于皮肤白皙而红润的人，各种黄色对他们来说可能都较好，特别是淡黄色服装，更能衬托出皮肤的魅力，不过不能忘记我们是黄种人，因此，如果肤色偏黄、偏黑或黄中带青，建议还是不穿黄色服装为好。

3.1.2.6 绿色

玛格丽特·米切尔在她的《飘》中是这样形容斯佳丽的出场的“她的眼珠子是一味的淡绿色，不杂一丝儿的茶褐”，那双“骚动不宁的、慧黠多端的，洋溢着生命的”绿色眼睛便是斯佳丽的性格写照。

绿色是充满自然界的颜色，象征着和平与希望。它是冷色，并能恢复眼睛的视觉疲劳，令人舒适与松弛。浅绿和暗绿都是宁静的中性色，医院常常把绿色用作中性背景色。

绿色被赞为生命之色，给人们带来青春、理想、安逸、新鲜、安全、宁静的感觉。带有黄光的绿色是初春的色彩，更具生气、充满活力、象征青春少年的朝气；如图3.14中的青绿色是海洋的色彩，是深远、沉着、智慧的象征；当明亮的绿色被灰色所暗化，难免产生压抑的心理。

掌握绿色在人类生活中的意义，你在穿衣搭配时就知道：中绿和白色搭配，有清雅、高贵感(见图3.15)；用浓绿和橙红相配，则有青春气息；亮绿和深绿显得勃勃生机；苍绿和橄榄绿则显得沉稳；如果深绿和浅蓝相配不仅协调，而且有清凉感；假若你敢用深红和浓绿相配，比

图3.14

图3.15

例得当同样可以得到意想不到的效果。但是，如果肤色黑黄或黑青，最好不要穿绿色的上衣，或在脸部附近有绿色饰物出现。

3.1.2.7 橙色

橙色是一种“二等”颜色，三原色中红、黄两色混合，就产生了橙色(红+黄)，它混合了红色的热情与黄色的明智，在中国古代称为朱色，是高贵富有的象征。因为橙色给人成熟感、香甜感、动感和秋天收获季节的收获感，这些特性使它成为最好的工作服颜色，也使它成为快餐店最好的装潢色。

橙色的变化丰富，能引起人们心理上的特殊反应。它让人感到温暖，让人想起夕阳西下，全色的橙色和较浅的高加索橙色皮肤不和谐。偏红的橙色与暖色调皮肤及深棕色皮肤相配非常好看(见图3.16)。

橙色富有南国情调，因此比较适合作皮肤黑而具有个性的人的服装色彩，特别适宜于作郊游装和海滩装的服色。橙色柔和一些就成了桃红、杏黄或是珊瑚红。这些颜色优雅、轻快而且女性化，又不像粉红那样显得轻浮。但冷色皮肤不宜穿这些颜色。

3.1.2.8 粉红色

粉红色是一种独立的颜色，并不是红色的一种柔和变体。粉红色是女性的颜色(见图3.17、图3.18)。它使人联想到细腻、温和而愉快的个性。当它用于产品或是食物的包装时，强调了产品的性能和食物的味道。

图3.16

图3.17

图3.18

中性粉红色被称为贝克-米勒粉红，这是根据两个医生的名字命名的，这两个医生发现了粉红色有镇静作用，在有限的时间内，粉红色能抑制一个人的活动。这种颜色在生理上能抑制肾上腺素的分泌。

粉红色带有蓝调，适合于绝大多数的冷色皮肤。当你穿着的灰色和海军蓝服装的时候，粉红色看上去很好看，并能缓和一下这些商业服装。暖色皮肤的人应该穿带黄调的粉色，就像暖调的西瓜色一样。

图3.19

3.1.2.9 棕色

棕色是一种很有用的颜色，一系列的棕色，从驼色到巧克力色，是朴实的乡村服装的绝好的背景色。对于男人来说，棕色是一种诚实而流行的颜色，尽管它看起来比灰色、海军蓝和黑色随便，因而较少用于严肃的商业服装。

较柔和的棕色形成两种颜色——灰褐色和驼色。这使棕色既适合于冷色调皮肤也适合于暖色调。灰褐色，也就是带灰的棕色，很适合冷色皮肤。灰褐色是一种中性色，它可以和许多优秀的颜色相配，并且夏秋两季同样流行。驼色适合于暖色调皮肤(见图3.19)。它可以和红色、奶油色、黑色和深棕色相配，做出华丽而随和的便服。如果与灰色相配，灰褐和驼色都是很优雅的商业色。

图3.20

3.1.2.10 灰色

灰色是一种成熟的中性色，具有商业性权威感，它不卑不亢，不具强烈个性，作为商业服装很自然。服装应该为商界人士提供一种天才而内行的背景，“灰法兰绒西装”已经成功地成为商界人士的制服(见图3.20)。

图3.21

图3.22

暖色调皮肤和冷色调皮肤都可以穿灰色，但是冷色调皮肤穿起来更好，因为灰色和蓝色调很和谐，并强调了蓝基调。浅粉红和蓝色能够和灰色搭配得非常和谐，共同衬托出冷色皮肤。暖色调皮肤的人应选用炭灰色或者其他带暖色调的灰色(如明亮的带绿的灰色)。这些灰色配上象牙色的衬衣，再用桔红色的配饰强调一下，就会成为一套端庄的暖色商业服装。

时装上常常用灰、黑、白这种成熟的中性色彩组合。这样的色彩组合需要比较夸张比较深的颊红、口红和眼影，否则，由于这些成熟的颜色，你的面部将显得缺乏个性。

3.1.2.11　白色

白色是可见光谱上所有波长的光线照在一个无色表面上，所有的波长都被反射，眼睛所看到的色彩。白色让人联想到纯洁和处女(经典的结婚礼服)，寒冷和清洁，或者毫无个性。它是最明亮的颜色，使人联想到白天、白雪，由于其明度高，能与具有个性的色彩相配。各种颜色掺白提高明度成浅色调时，都具有高雅、柔和、抒情、恬美的情调。大面积的白色容易产生空虚、单调、凄凉、虚无的感觉。

白色使脸部漂亮，因为它反射出纯净的光，并且和温暖的肤色形成对照。白衣服使别人注意你的脸部，并强调了你的脸。白色的这个特点，再加上它可以和所有的颜色相配的能力，使它成为一个最富多样性的中性色(见图3.21、图3.22)。

暖色和冷色皮肤都能成功地穿着白色，这里我们是指白色中的一种，带奶油色的暖调白色最适合于暖色皮肤。象牙色是贴近暖色皮肤脸部最适宜的白色。略带桃红的白色很适合于黄皮肤。蓝调的白色和纯白与冷色皮肤相配效果很好。略带粉红的白色使冷调肤色很好看。

作为晚礼服和正式服装，白色可能显得轻浮而随便，也可以显得优雅而夸张。在不透明的游泳衣上用上白色效果很好，因为它和晒黑的皮肤形成强烈的对比。白色反射热，是经典的夏季色。

3.1.2.12 金属色

金属色主要是指金色和银色。金属色也称光泽色。金银色是色彩中最为华丽高贵的颜色，给人富丽堂皇之感，象征权利和富有。金属色能与所有色彩协调配合，并能增添色彩之辉煌。金色偏暖，银色偏冷；金色华丽，银色高雅（见图3.23、图3.24）。

金色是古代帝王的奢侈装饰，也是佛教的色彩，象征佛法的光辉以及超世脱俗的境界。

图3.23

3.1.3 个性色彩语言

红色：雄心勃勃、精力充沛、勇敢、外向。
粉红：温柔、深情、亲切、可爱。
栗色：会享受、重感情、爱交友、太敏感。
橙色：有能力、重行动、会安排、不耐烦。
桃红：文雅、慈善、机灵、热心。
黄：会交往、善言辞、能合群、重人事。
薄荷绿：温和、明智、安祥、心善。
苹果绿：求创新、敢冒险、能自励、善变化。
绿：仁慈、人道、助人为乐、重视科学。
蓝绿：理想主义、忠实、重感情、有才智。
浅蓝：有创造性、有洞察力、有想象力、重视分析。
深蓝：聪明、果断、负责、自信。
淡紫：娇柔、含蓄、敏感、惹人喜欢。
紫：凭直觉、重感情、爱豪华、多灵感。
棕色：诚实、踏实、结实、可靠。
黑：意志坚强、独立自主。
白：我行我素、孤芳自赏、自我评价不高。
灰：消极、暧昧、疲劳、负担过重。
银色：光荣、浪漫。

图3.24

金色：理想主义、高贵、有成就、价值高。

3.2 个性色彩四季论

3.2.1 色彩四季理论

“色彩四季理论”是在瑞士色彩学家约翰内斯·伊顿的“主观色彩特征”启示下形成的，20世纪80年代初由美国时装色彩专家卡洛尔·杰克逊女士所创导并风靡欧美。她在区分肤色冷暖的基础上，又综合肤色、头发和眼睛的颜色，分为春、夏、秋、冬四种类型。

人肉眼可以看到的颜色有750至1000多种之多，四季色彩理论把这些常用色按基调的不同进行冷暖划分，进而形成四大和谐关系的色彩群。由于每一组色群的颜色刚好与大自然四季的色彩特征吻合，因此，便把这四组色彩群分别命名为“春”、“秋”为暖色系、“夏”、“冬”为冷色系。春型以黄色为基调，可以穿纯净、明亮、柔和、文雅的色彩；夏型以蓝色、粉红色、灰色为基调，可以穿柔和的蓝色或粉红色，以及较深、较暗的色彩；秋型以橙色、金色、棕色为基调，可以穿较浓艳的色彩；冬型以蓝色为基调，可以穿明亮、活泼、冰雪色、深色、黑色，对比强烈的色彩。

每个人都有自己独特的人体色特征，决定人体色特征有三个因素——核黄素、血色素、黑色素，在每个人体内都有无法更改的不同比例组合。因此，在看似相同的外表下，我们每个人之间在色彩属性上是有差别的。所以，应该在结合自己的实际情况下，看哪一类型的颜色的服装适合自己。

3.2.2 春季型人

3.2.2.1 春天的色彩联想

春天，生机、活跃、萌动、青春、阳光、明媚、热情、明朗、万物复苏、百花待放、粉嫩、明亮、鲜艳、俏丽、充满生命力(见图3.25)。

春季型人给人的第一印象大多是有一种阳光抚育的明媚，白皙光滑的脸上总是透着珊瑚粉般的红润，明亮的眼睛总是显露出不谙世事艰难的清纯。她们是生活中最具快乐和靓丽的一族，正如大自然春天带给我们的欣悦一般，春季型人是充满朝气和活力的。

图3.25

3.2.2.2　春季型的身体色特征

肤色：发色淡而微黄，浅象牙色，粉色，肤质细腻，具有透明感；脸上呈现珊瑚粉色、鲑鱼肉色、桃粉色的红晕。

眼睛：眼珠呈明亮的茶色、黄玉色、琥珀色，眼白呈湖蓝色，瞳孔呈棕色。

眼神：活跃，有如玻璃珠般透亮、灵活、感觉水汪汪的。

瑕疵：雀斑明显。

毛发：呈柔和的黄色、浅棕色，明亮的茶色。

嘴唇：呈珊瑚色，桃红色，自然唇色较突出。

3.2.2.3　春季型的性格特征

积极的方面：思维活跃、有朝气、充满活力、灵活。

消极的方面：急躁、不切实际、张扬、善变、不踏实。

3.2.2.4　春季型人用色范围

春季型人(见图3.26)是属于暖色系的人，比较适合以黄色为基色的各种明亮、鲜艳和轻快的颜色。象牙色、奶黄色、哔叽色、浅驼色、棕金色、暖灰色、灰蓝色、亮红色、洋红色、深银粉色、浅银粉色、深桃粉、桃粉色、浅桃粉、浅杏色、杏色、橙色、亮黄色、鹅黄色、浅亮黄绿、亮黄绿、深亮黄绿、艳蓝绿、浅凫色、绿松石蓝、深紫蓝、浅紫蓝、亮蓝色、蓝紫色，它们都是春季型人的最佳配搭色。

发色：金黄、淡红、浅褐色或中褐色、带金黄橙色成分、蜜色或铜红色，染发时注意保留其基本色，色泽清淡鲜亮。

妆色：春季型的人应该用暖底调的色系，比如用带闪光金粉的浅黄色配浅黄绿色做眼影的主色，象牙白做眉骨的提亮色，腮红、口红用珊瑚粉，还可以再点上金橙色的唇彩，总之要透出轻盈、有光泽的感觉。

眼镜：镜架选棕色、金黄色或桃色，镜片用棕色或黄色。

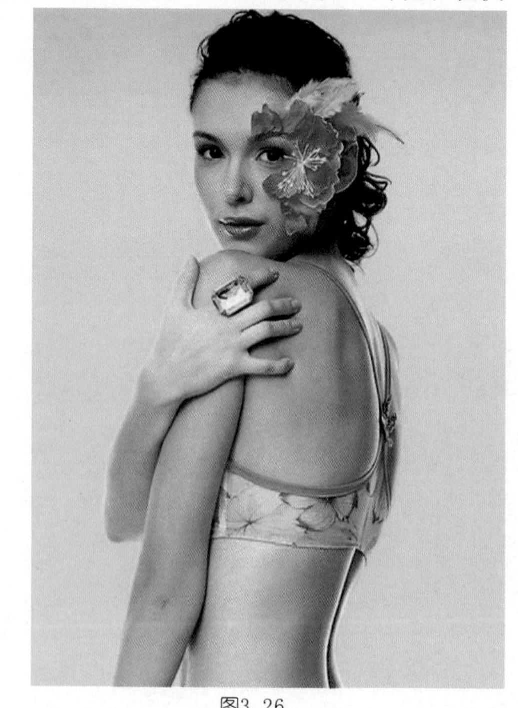

图3.26

珠宝：金属饰物最好是黄金、金色的饰物，若是珍珠，象牙色最好，宝石最好是钻石，黄玉、猫眼石等为基本色的宝石。

配饰：春夏两季适合象牙白、米白、浅灰褐色、亮棕色等，秋冬两季配以中棕色、棕黄色、皇家蓝等。

丝袜：象牙色、肉色、驼色、浅棕色、浅灰色，不要使用灰色和色彩太浓的颜色。

在全身色彩搭配上，主色与点缀色之间应出现对比。适合有光泽、明亮的黄金饰品。厚重的颜色一般不宜使用。在春季型人的适用色系里，黑色一般排除在外，但可选用色本中较重的蓝色、棕色或驼色来代替。

警示：避免用冷暗色调，以及黑色的眼线、睫毛膏。

3.2.3 夏季型人

夏季，太阳统治了大地，它高高挂在天上，让世界沐浴在热情的阳光里。然而，有人仔细观察过并确定，耀眼的夏日阳光发出的其实是偏冷的颜色，树叶从春天的嫩绿长成了偏蓝的绿色，房顶、砖房或消防龙头的红色在太阳光下也变得带有蓝色调，此外天空闪耀着冷色的淡蓝光，夏天的颜色是冷的、柔和的、粉色的，带有不显眼的光度，因此如果一个女性的皮肤基色是淡蓝色的冷色调，就属于夏天型。

图3.27

3.2.3.1 夏季型人身体色特征

夏季型的人有着冷米色皮肤，白皮肤中泛着小麦色，健康，自然。黑色柔软的头发，轻柔亲切的目光。玫瑰粉的红晕，眼睛呈深咖啡色。夏季型女性将传统的风格和优雅举止与令人喜爱的外表结合起来，她们是沉着的和冷静的，并对同胞的问题显示出真正的关心，具有组织方面的天生的才干(见图3.27)。

3.2.3.2 夏季型人的用色范围

夏季型人与常春藤色、紫丁香色以及夏日的海上、天空等色调相吻合。适合以蓝色为基调的颜色。

夏季型属冷色系，穿灰色非常高雅，不同深浅的灰色、不同深浅的紫色及浅粉色搭配最佳。蓝色系非常适合夏季型人，无论是蓝色大衣、套装还是衬衫都能衬出其雅致感。最佳颜色的深浅程度应在深紫蓝色、淡绿松石蓝之间把握。夏季型人最不适合咖啡色系，它会使人的脸色变黄(见图3.28)。

发色：偏银的金黄色或淡金黄色、微蓝红(不易过暗)，典型的夏季型适合漂色、染色和挑染。

妆色：夏季型人要选择浅水粉与天蓝相配合的眼影，眉骨提亮色用柔白，腮红、口红用淡淡的玫瑰红或粉红会使整个人看上去更加的柔美、雅致。

眼镜：镜架选青灰色、银色，镜片用玫瑰粉或深紫红色。

珠宝：金属饰物最好是白金和银色饰物等，珍珠最好是粉色、银白色、淡水珍珠等，宝石最好是蓝宝石、深红宝石，即以蓝宝石等为基色的宝石。

配饰：春夏两季配以乳白色、玫瑰褐色、亮蓝灰蓝、藏青色等，秋冬两季配以藏青色蓝灰色、深红色、红棕色等。

丝袜：玫瑰褐色、浅灰、深灰，以及接近肤色的肉色，绝不要穿黄色系列的袜子。

警示：避免强烈色彩反差对比的搭配，避免用黑色的眼线、睫毛膏。

图3.28

3.2.4　秋季型人

秋季型人可在棕色上作文章。秋天最为典型的是收获的色彩。我们可以看到苹果饱满的红色、阳光下稻谷的亮棕色，还有蘑菇顶上的介于红黄色之间的颜色。南迁的太阳用斜射的阳光为所有的色彩增添一种泛红的温和个性，这同样也洒落在农作物的棕色和干草的黄色上。无疑，秋季绚丽色彩的迷人之处蕴含在人眼所见且反差强烈的各种色彩中：红、绿、黄、紫、蔚蓝、橙红勾勒出细致入微的区别。

3.2.4.1　秋季型人身体色特征

秋天型属暖色系，与大自然秋季的色调相吻合，发质黑中泛黄，眼睛亮而眼珠呈棕色，对比不强烈，目光沉稳。陶瓷白的皮肤，很少出现红晕，与秋季原野黄灿灿的丰收景色和谐一致。秋季型女性可能很固执已见，因此，人们对她们的特征只能讲出很少的“普遍性”来，无论如何，在她们中可以发现不少地位显赫的人，因为她们是有创造性的、友好的和感情冲动的。

图3.29

3.2.4.2 秋季型人的用色范围

这一类型的人适合穿着沉稳厚重，以金色为主色的暖色调颜色。越浑厚的颜色越能衬托其匀整的肤质。在全身色彩搭配上，不适合强烈对比，只有在相同的色系或邻色系中的浓淡搭配，才能烘托出稳重与华丽(见图3.29)。

发色：金红色、栗褐色,染发务必注意天然光泽。

妆色：适用略沉稳一些的暖色调颜色，比如,可以用柔和亚光橙色与苔绿色相配的眼影，腮红、口红可以是鲑肉色或铁锈红。

眼镜：镜架选深棕色、金黄色，镜片用褐色或暗橙红色紫红。

珠宝：金属饰物最好是黄金色或金色的饰物，珍珠选用奶油色或棕色，宝石选用琥珀玉、黄玉等基色的宝石。

配饰：春夏两季适合牡蛎色、淡灰褐色、亮棕色等，秋冬两季配以棕褐色、橄榄绿、红褐色等。

丝袜：淡灰褐色，偏黄的肉色，桂皮色，深咖啡色，不要用灰色和蓝色色调的袜子。

警示：避免过于鲜艳的颜色。

3.2.5 冬季型人

冬天自然笼罩在一片黑白的对比之中。这个冰冷的季节，光线明晰强烈，加上熠熠闪光的白色衬托，使冬季残存的少量色彩愈加鲜艳夺目。冷杉树深沉的绿色，越冬的野浆果泛光的红色，以及树木暗蓝的剪影映衬出冬天黄昏落日时橙红色的余辉。由于冬季缺少万紫千红的色彩，所以映入眼帘的都是亮晶晶的冰天雪地。冰封湖面的湖蓝、碧绿和松绿；冬天清晨的光线呈柔和的玫瑰色，远方山峰偏黑的蓝色和大地冷凝的深褐色构成了这个季节典型的色彩。

3.2.5.1 冬季型人的体貌特征

冬季型属冷色系，发色较黑，眼球亮黑目光锐利，肤色偏白，头发光泽感好。冬天型女性的个性很强，轻松愉快，有吸引人的外表，因此常常成为中心人物，有时她很倔强甚至带有侵犯性，有虚荣心，因为她努力工作，使她常常能达到她心中的目标。

3.2.5.2　冬季型人的用色范围

冬季型人适合穿纯正的颜色，以冷峻惊艳为基调的颜色，同时做出强烈对比的搭配效果，适合有光泽感的面料。含混不清的颜色不足以与天生的肤色特征相配，冬季型人可以运用多种纯正色彩来装扮自己。除了与黑、白、灰三种颜色吻合外，也适用红、黄、蓝、绿等色彩纯正、鲜艳、有光泽感的颜色(见图3.30)。

图3.30

发色：黄色、冰蓝、冰紫、紫蓝色是染发的常用色系，慎用红色，如果采用，必须选深色的红色系。

妆色：眼影可以选择冰粉与松绿的组合，腮红、口红可以是艳丽的玫瑰红或蓝红，使整个人看上去熠熠生辉。

眼镜：镜架选青灰色、银白色或黑色，镜片用蓝色、灰色、紫红色。

珠宝：金属饰物最好是白金和银色饰物等，珍珠最好是粉色、灰色、淡粉红色，宝石最好是蓝宝石、绿宝石、红宝石等纯正的饰物 。

配饰：春夏两季配以白色、亮灰色、藏青色；秋冬两季配以藏青色、黑灰色、深红色、黑色等。

丝袜：淡灰褐色、灰色藏青色及偏灰的肉色，绝不要穿黄色色调的袜子。

警示：避免轻柔的色彩。

3.3　个性色彩风格

人与人之间，在肤色、发色、眼色上都有不同程度的差别，如果能注意到自己的肤色、发色和眼色，并在挑选衣服或穿衣时以此为前提，那么，基本上可以得到较好的着装效果。

客观地说，每一个人都有一种与生俱来的对某种色彩的偏爱，凡买衣服，都可能自觉不自觉地选择偏爱的颜色，不过，凡被一个人偏爱的颜色，这个颜色通常和他自身的肤色相和谐，如果每个人都能从自己偏爱的颜色中去充分发挥，向临近的颜色延伸，那就会形成一个完整的、和自己颜色相协调的色彩系列，利用这一系列色彩来搭配自己的服装，再兼顾自己的性格、体型，最后必然会取得理想的穿着效果。实际上，这就是最适合你的色彩风格，也就是你个人着装的色彩风格。

色彩的美感是组成服装美感的不可缺少的因素。相同款式、相同面料的服装，由于色彩配合的不同，可分成六种鲜明的个人的风格，包括：古典式、戏剧化式、浪漫式、自然式、艺术化式和女性化式。它们会产生朴素、典雅、秀丽、鲜明、华丽、热烈等不同的感觉效果，从而使观者产生不同的好恶偏向。

3.3.1 古典式

“古典”在服装用语中其含义与“基本的”大体相同，古典式服装几乎是不随流行而变化的，但又是受到多数人欢迎的常用的服装。总之，它是现代的服装中比较稳定的式样或款式。因此，这类服装的设计比较简单，整个款式不随流行而发生变化，只是通过颜色、花纹图案或面料的变化来体现其流行性(见图3.31～图3.33)。

图3.31

图3.32

图3.33

古典型的女性不仅五官端正，而且肤色均匀，体态匀称，聪慧机灵。这一类的女性一般穿着考究，给人以一种端庄典雅的感觉。

样式：款式带有传统特色，质地柔软的衬衣或紧身衣，做工考究的西服套装，V形翻领，精致的细节,品质精良但不张扬。

面料：重量适中，高品质，包括亚麻、华达呢、法兰绒、开司米、花呢、斜纹织物、人字呢、驼毛等加工精细的天然织品。

色彩：春夏季服装的色彩在古典色彩的冲击下，以织物本色为多，米色、卡其色、象牙白色、奶油色等，以及各种不同色相的灰色，都是这一色彩群中的要员。这些颜色要浅淡、柔和、高雅、素净，以配合古典服装庄重的要求。

秋冬季面料多以高雅而著名的英国男式服装面料为特色，以纯毛面料为主。具体在厚织物中，如长绒织物、麦尔登、海狸呢、粗呢等为主要面料；在粗花呢中，莫德兰粗花呢、苏格兰粗花呢、海力斯粗花呢是主要面料；在纯毛衬衫料中，维耶勒法兰绒、麦丝林纱等均属此类。色彩则选取比较常用而少于变化的色调。一般情况下，秋冬季常用黑、蓝、棕、深灰、暗紫红、墨绿等主要色调。

印花：一般采用传统和有些对称的图案，如圆点花纹、几何图形、格子图案，大齿形、方格图形。

化妆与发型：柔和自然的妆面，眼睛和嘴唇的色调平衡，发型线条柔和，发型固定。

配件：精致优雅型短珍珠项链，黄金和珍珠手链，硬币式的耳环，锥形浅口无袋晚装，皮鞋，透明袜，专门设计的腰带、手袋和围巾等。

图3.34

图3.35

图3.36

图3.37

警示：避免看上去太拘谨、严肃和像个管家。

3.3.2 戏剧式

戏剧化的女性走到任何地方都是引人注目的对象，她总是着装精细、时髦、自信、大胆、醒目(见图3.34～图3.37)。

样式：直长、有棱角、轮廓明显、领口简单、不对称的剪裁、做工考究、样式分明、时尚化、有大垫肩。

色彩：黑色和白色组合，即大胆又明快；对比色的组合显得夸张而鲜活。

面料：光滑、编织紧凑、华达呢、缎子、丝绸、针织品、绉丝、绒面呢、平针织物、天鹅绒、带金属线或闪光面料的晚装织物。

化妆与发型：加重颧骨处的醒目式化妆，如色彩强烈的口红、鲜明的眼线，发型从脸部后固定。

配件：醒目、大胆而独特的浅口无带皮鞋，设计大胆的金属制品首饰，闪亮的宝石和金属饰品，大的、手绘或手染的围巾。

警示：避免看上去太生硬或有威胁感。

3.3.3 浪漫式

浪漫型的女性迷人、有魅力、性感，并且能迅速给男性留下印象，她以自己的外形而自豪，并在着装时体现出来，力求表现自己的女性特质(见图3.38)。

样式：能展现身材的线条，以柔软的布料，配荷叶边，采用凹陷式或低胸式领口，肩部较圆，腰际线明显。

面料：较轻面料，如：柔顺的平针织物、双绉、天鹅绒、丝织物、雪纺绸、有弹力的针织物、小山羊皮等。

印花：漩涡形、花卉形。

化妆与发型：较重的眼部化妆，丰满而闪亮的双唇。头发可以是宽松式、不受拘束式，成层状或蓬乱的头发盘上时效果极好。

配件：露脚趾鞋或有吊带的高跟鞋，首饰大而独特，悬垂型或环状的耳饰、闪亮的宝石。

警示：避免硬而重质地的面料、过多的化妆、厚块的珠宝、直线条剪裁、繁琐或拘泥的裁剪线条。

由于形成浪漫式服装的面料不同，又分为古典浪漫主义服装、朴素浪漫主义服装、民间浪漫主义的服装，然而，每一种类型的色彩运用又各不相同：

1）古典浪漫主义服装的色彩：高档服装的颜色是以人们通常所喜欢的暗色为主，如深蓝、暗紫红、带蓝味的绿色、深紫、黑色、灰色等。而在着装搭配时，如配上悬垂性能较好的浅淡色彩或印度古典花型的上衣，可显出古典的庄重与年轻的甜美(见图3.39)。

2）朴素浪漫主义服装的色彩：高档棉织物面料本身就最能表现出整洁、可爱和年轻的女性

图3.38

图3.39

形象，再加上这类服装多以具有甜蜜、轻柔感的中间色和白色为基调，使之更具女性化。在色彩搭配运用时，要以少套色表现多套色效果的配色方法(颜色深浅度相接近的搭配方法，也称模糊配色法)为最基本的方法。从总体上来看，这类服装多采用淡粉色、淡黄色、浅血牙色、柠檬黄色、淡粉绿色、淡蓝色、淡紫丁香色以及一切具有透明感的浅淡颜色和银灰色等，所有这些都是朴素浪漫主义服装代表性的色彩(见图3.40)。

3）民间浪漫主义服装的色彩：民间浪漫主义服装的色彩包括两个方面，一个是表现不同国度的异域情调，另一个是表现民间传统着装风格以及少数民族的装束与色彩。织物原料的本色和自然界中的颜色为主构成了它的主要色调，如真丝、棉花、麻等未经人工漂白的本色和土地、砂色等大地的颜色。在服装设计的整体配色中，稍微带有些华贵的气氛。无论我们采用单色还是采用多色，都要注意：使用单色时要充分利用浓淡相配所产生的多色效果；而使用多色时要保持整体感、朴素感，一旦你的衣着效果让人感到五颜六色过于华丽时，你的着装就是失败的，因而不要过分强调对比配色的效果(见图3.41)。

3.3.4 自然式

生活中最常见的就是自然型的女子。自然式女性是随意、爱运动、非正式和健康的，她总是热情而友善，精力充沛并且直接坦率。她们可以穿上各式各样的运动装，并且穿上便服或是

图3.40

图3.41

图3.42

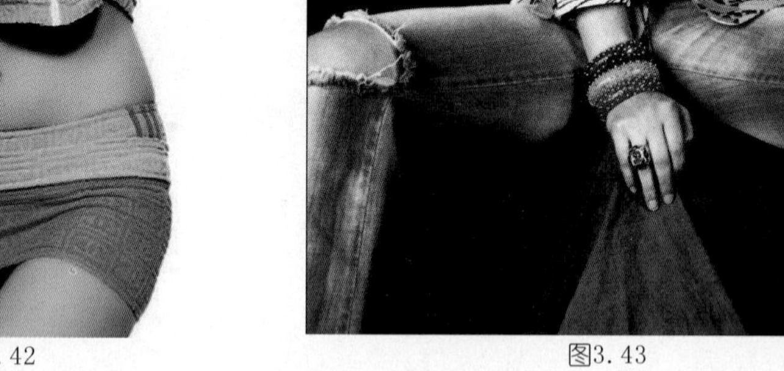

图3.43

时装，都一样魅力十足(见图3.42所示)。

样式：舒适、不过多修饰、剪裁宽松、T恤衫、长开襟羊毛衫、狩猎装、结构简单、垫肩极少、简单的直筒裙、长紧身连衣裤、运动衫、牛仔裤、棉便服、牛仔布衣衬衫(见图3.43)。

面料：自然材料、编织的、有纹理的、柔软的针织物、亚麻、小山羊皮、皮革、生丝织物，开司米，安格拉羊毛织物、驼毛织物、法兰绒呢、花呢。

印花：动物图案、蜡染印花、佩兹利漩涡花纹和方格花纹。

化妆与发型：化妆极少，柔和的眼部化妆和口红，或不化妆，松散、不加修饰的长发。

配件：少量首饰，样式简单的低跟鞋，平底便鞋，有多色菱形花纹的短袜，皮制成针织的腰带，有民族特色的首饰，佩兹利漩涡纹花呢围巾。

警示：避免看上去不修边幅或呈顽皮男孩状。

图3.44

图3.45

3.3.5 艺术式

对于艺术化的女性来说，时尚就是艺术，她喜欢通过革新的、富有创造性的、前卫性的衣服及配饰来做出艺术性的表现(见图3.44)。

样式：自由精神的、样式不固定的、夸张的、独特的、古风式的、轮廓明显的、不对称式的，具有民族特色的(见图3.45)。

面料：手编织物、新颖的花呢、自然纤维面料、织锦、剪裁精细的棉绒面料(见图3.46)。

印花：交错图案，日本式印花，手工染色，手绘图案，奇特的图案，具有民族特色的图案、抽象图案，动物皮毛的纹样。

化妆与发型：强烈的眼部化妆色，深色或无色口红，不光滑的化妆纹理，头发不对称或剪得很直，束到后面或松散式。

配饰：独特的、有纹理的或未抛光的金属制品，自由式设计的、有艺术性的、用雕刻品装饰的，有民族特色的首饰。

不适合：极其艺术化的外表不适合工作场合及其他的场合。

警示：避免在工作时看上去太柔弱，避免浓妆、厚重的首饰或过于有型的发式。

3.3.6 女性化式

女性化的女人是温柔、典雅、淑女型的，看上去温柔而娴静(见图3.47)。

样式：维多利亚花式服装，有褶皱，有许多细节装饰。例如：花边、镶饰、蝴蝶结和其他装饰，柔软的飘曳型裙子，高领上衣，蓬松袖，线条柔和的上衣等(见图3.48)。

面料：柔软、精致、重量很轻有小孔的花边，天鹅绒，绉呢，雪纺绸，软棉布，薄条纹布，

图3.46

图3.47

图3.48

图3.49

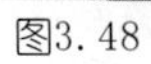

安哥拉毛，丝、毛或棉的印花薄织物(见图3.49)。

印花：小图案、花草纹样、几乎透明的自然妆、头发柔软、波浪式、长发、柔软的短卷发或侧面的有小卷发的盘发。

配件：精致、设计精巧的首饰，例如：侧面有浮雕的小徽章、泪珠形珍珠耳饰、花形夹、心形项链盒、古董首饰。

不适合：避免在工作时看上去太柔弱，避免浓妆、厚重的首饰或过于有型的发式。

3.3.7 个性色彩的美感

衣服的颜色和人的肤色、发色、眼睛的颜色关系十分密切，但如何从中找出一个比较简单的配色方法，以解决日常着装的问题。在服色与肤色、发色、眼色的配色关系中，还是肤色与服色的色彩搭配最重要，其中，脸色和服色的色彩搭配是关键。因为，脸色与服色协调所带来的美感，能强烈地体现一个人的气质、风度和素养。如何让这两者协调，最好还是从色彩的三要素来归纳出规律。

环境、生活方式和个性促使人们特别喜欢某种颜色。要想选择最好的色彩环境，第一步是了解自身的色彩类型，并且找到最适合于自己肤色及头发颜色的色彩系列。第二步是弄清楚自己的色彩个性以及自己为什么喜欢某几种颜色。了解自我通常是很困难的，但是试一试找到自己的个性，并且搞清楚自己想融合在人群里，还是想与众不同。第三步是找到合适的色彩环境，弄清楚各种颜色的个性，如果偏好某种颜色，那这种颜色的个性对于整体服装的个性也起着重要的作用。

3.3.7.1 和谐是色彩美永恒的主题

所谓和谐就是协调、调和、融合的意思，和谐是色彩美永恒的主题。色彩美是在色与色组合关系中表现出来的。色彩配合如同音乐谱曲，把服装色彩的美感，与服装的款式、材质及穿着对象、使用场合、环境、实用功能等方面联系起来，取得综合一致的和谐效果，也就是色彩的调和。服装色彩组合必须针对实用对象的需求，有的放矢地进行，以使形形色色消费者的需求各得其所。

视觉色彩的调和美从原理上可归纳为下列几点：

1）色彩属性的同一相似、秩序优势的关系。

2）视觉生理平衡。

3）视觉心理平衡。

4）使眼睛不带尖锐的刺激。

5）内容、环境与色彩的贴切。

6）服色符合消费需求。

7）功能目的明确。

8）形状、位置、构图同一。

3.3.7.2　色彩的对比美

在明度对比中，不同的明度基调的感情效果不同。因色相差别而形成的色彩对比称为色相对比。同种色相的对比总的表现为弱的、呆板、单调、无兴趣，但色调感强，表现为一种静态的、含蓄稳重的美感，是中老年服装常用的色彩组合。邻接色相单纯、对比小、效果和谐、柔和、高雅、素净，但易单调、平淡无力，必须靠调节明度差来增强效果，是中年妇女欢迎的服色组合之一。色相距离在60°左右差别的类似色相对比，这类服色的对比差小，但效果较丰富，能弥补同类、同种色相对比的不足，又能保持统一和谐、单纯、雅致柔和、耐看等特点，也是中年妇女欢迎的服色效果。

中差色相对比的服色组合效果具有较鲜明、明快、活泼、热情、饱满的特点，是使人兴奋、感兴趣的色相对比组合，也是运动服装最适合的服色效果之一。

对比色相的对比效果强烈，使人容易激动，容易造成视觉的疲劳，不容易具有色相的主色调，需采用多种调和手段来改善对比关系。

补色对比适合热情、开放型的时髦女郎，效果响亮、强烈、眩目，富有刺激感。

全色相与坏色相对比，既有丰富的色彩，又符合人的视觉生理、心理平衡，显示出五彩缤纷、富丽花哨的效果，是喜庆、节日受欢迎的色彩组合。

此外，全色相与差色相对比、无彩色零度对比、无彩色和有彩色零度对比、无彩色与同种色相零度对比搭配适用面较广，适合不同年龄层次。在纯度对比中，一般鲜艳色，其色相明确，视觉有兴趣，引人注目，色相心理作用明显。纯度对比越强，鲜色一方的色彩越鲜明，从而增强配色的鲜艳、生动、活泼、注目及情感方面的倾向。冷暖对比中，服色对比的冷暖将增强对比双方的色彩冷暖感，使冷色更冷，暖色更暖。

3.3.8　不同季节色彩女性的服装与个性

人的衣着特点，在某种程度上是由其所属的色彩类型所决定的，每个人的色彩都有某些固有的特性。春季型女性的色彩明快而富于朝气，她们不仅比较友善和随意，而且体态较丰盈。在服装的选择上，应力求明快鲜艳，秀丽宜人。夏季型女性潇洒大方，性情温和，穿上带有柔和花纹的传统服装，显得优雅温柔。秋季型色彩给人以热情友好的感觉，穿着色彩艳丽活泼的服装，再配上方格花纹或其他色彩的图案。冬季型女性一般穿单色织物，因为冬季色彩本身就已经很显眼。

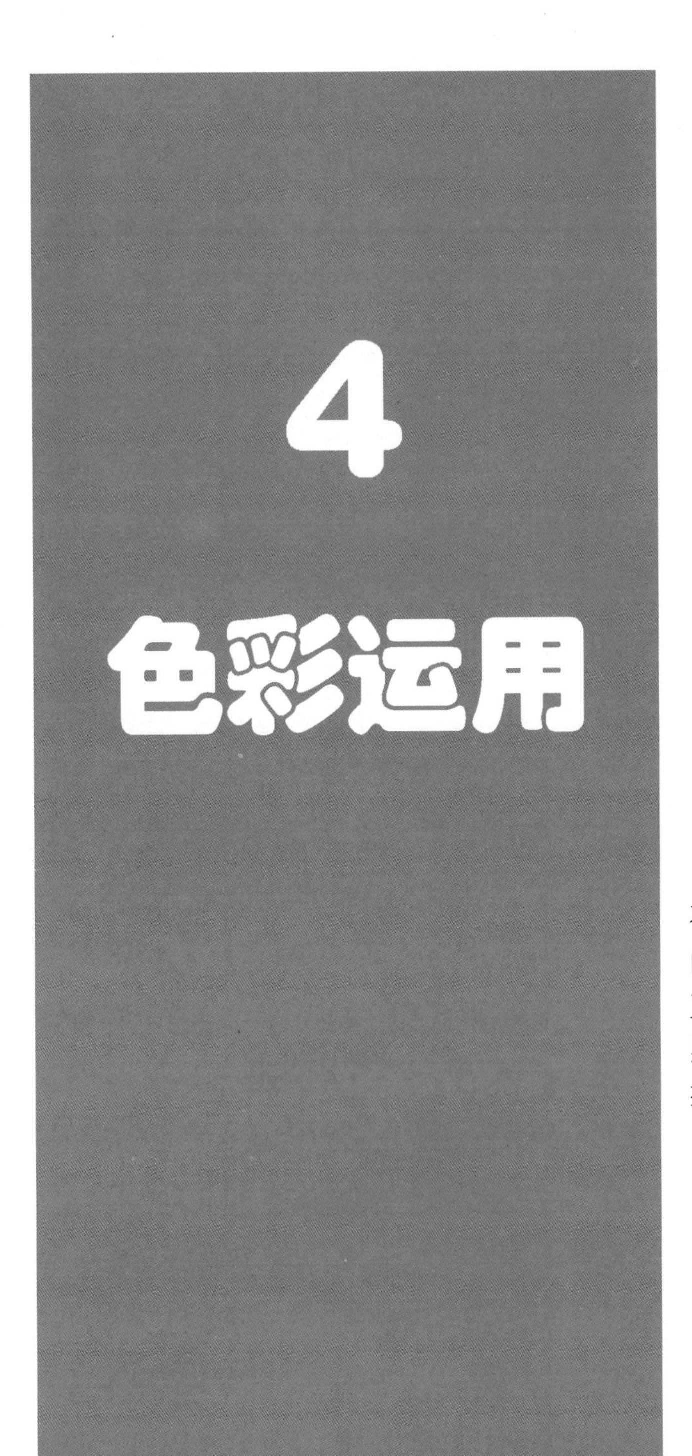
4
色彩运用

4.1 白种女性的色彩选择

每个人的肤色总是有所不同的，每位女性都有与自己自然体色相配的调色板。白种女性主要包括了欧洲裔女性。

依照“色彩四季论”的划分法，可将白种女性划分为春夏秋冬四种类型。春季型女性有着暖而较浅的色彩，其调色板充满着柔和的暖色和较亮的暖色。如图4.1所示，亮蓝色与黄色的搭配非常适合金色头发的白种女性。夏季型女性有着冷而较浅的色彩，其调色板以冷而柔和的色彩为特征。

如图4.2所示，中度蓝色与粉色的搭配也比较适合此类型的女性。秋季型女性有着暖而较深的色彩，其调色板由柔和的或强烈的暖棕色色调组成。

如图4.3所示，大面积的粉色与少量的亮黄色搭配，来衬托柔灰金色的头发。冬季型女性有着冷而较深的色彩，其调色板以冷而清晰的颜色为特征。

如图4.4所示，发色与肤色都属冷色调，相对来说，可以搭配较多的色彩。

图4.1

图4.2

图4.3

图4.4

图4.5

4.1.1 春季型白种女性

春季型的白种女性皮肤色调偏暖，肤色的范围可以从象牙色到桃红色到米色或黄米色或深米色。发色可以是灰金色、金黄色或带棕色的金色或中棕色。

该类型女性的调色板包括各种暖色调的轻淡颜色以及清晰的低至中等强度的色彩。这些颜色都是以暖色为基调，一些能够使光线反射到脸部的色彩和织物，例如，米白、发光的金属和缎子，都可以增强其轻淡形象。如果肤色与发色有较强的对比色彩，要尽量选择更加清晰而明亮的色彩。如图4.5所示，肤色与发色的对比较强，可以选用浅亮灰色来协调。

该类型女性的最佳金属饰物是金，最佳白色是米白和象牙色。

皮肤：金色为底色，肤色为象牙色、桃红、米色、黄米色、深米色，两颊可能为玫瑰色。

最佳色彩组合：亮蓝和黄色、橙色和绿色、棕色和桃红、水色和熏衣草色、柔紫罗兰色和薄荷色、亮绿色和蓝绿色。

适合：发色为金发时，橄榄绿和咔叽布绿将是最佳中和色。如酸绿、黄色和粉色的活泼运动衣将会使你具有时尚感。

不适合：不适宜各种紫红色，或深色调色彩如深棕、茄子紫，也不要选择黑白搭配的颜色、以蓝色为底色的颜色、蓝红或任何棕色。

4.1.2 夏季型白种女性

夏季型白种女性有着冷色调的白皙皮肤或淡冷色皮肤。头发为浅色，颜色范围从灰金色到浅灰棕色、银灰色或白色。该女性的整体外观柔和而轻淡，或许是因为该类型女性的皮肤与头发色彩的对比度较小，眉毛颜色可能非常浅。

夏季型白种女性的调色板以冷色为基调，略带白色的浅冷色，色调柔和，与她自身柔和的自然体色正好相配。在选择服装的时候，必须要注意不要选择太鲜艳或太明亮的颜色，因为这些颜色会掩盖住该类型女性柔和的体色。冷色与浅色的巧妙搭配会使这类女性看上去更美丽。中和色，如棕色、焦煤色都与其发色搭配协调，其他较适合该类型女性的颜色也包括灰玫瑰色、玫瑰珊瑚红、宝石红和翡翠色等。如图4.6所示，发色与肤色都是柔和的冷色调。

夏季型白种女性的最佳金属饰物为银。如果皮肤底色略带金色或头发为金色，那么也将适合穿着淡金色。适合该类型女性的最佳白色为米白。

皮肤：粉色为底色，肤色为瓷色、粉色、象牙色、微黄的象牙色、玫瑰米色、带红色或带粉色的红润色。

最佳的色彩组合:粉色和灰色、薄荷色和丁香色、暗灰色和象牙色、灰蓝色和紫、乳白色与任何轻柔色、单色范围内的组合（同一颜色的中度至浅度色调），例如：中度蓝色与柔和的淡蓝色相搭配。

适合：夏季型的金发白肤女性，从浅度到中度的米色或小麦色调可以加重发色，并且将是万能的中和色。选用棕褐色时，要避免脸色看上去苍白无力的最好办法是增加某种着重色，比如淡粉色或水色，或者是增加一些织物、图案或饰物来创造一个更加有情趣的较强对比的形象。

图4.6

不适合：不要选择鲜艳的、强烈的颜色，或者是以黄色为底色的颜色，例如黄绿色、橙色、红橙色、黄金色或黑白相间色。

4.1.3　秋季型白种女性

秋季型白种女性的皮肤色调范围为从带有雀斑的红润色到暖桃色，通常以淡金色为底色，或带红色的冷红润色，或从浅暖米色到深橄榄色之间。头发的颜色范围为从柔灰金色或发黄铜色的金黄色，带草莓色的金黄色或浅红色，从艳红色到中红褐色和深红褐色。如图4.7所示，发色为柔灰金色，肤色偏向暖色。

秋季型白种女性的总体外观呈现暖色和淡色，暖色调色板可以描述成色彩较浓、泥土色调、强度大并以金色为底色，或被描述成暖色调、柔和轻淡、泥土色和以金色为底色。森林绿、铁锈色和浓棕色使她看上去非常漂亮。最佳红色为桃红、鲑肉色和赤褐色。如图4.8～图4.10中都配以和谐的色彩。

秋季型白种女性的最佳金属饰物包括金、青铜、黄铜和铜。最佳白色是象牙白。

皮肤：金色或粉色为底色，肤色为浅米色、象牙色、微红色、象牙色且带有雀斑或桃红色、带桃红的红润色、黄米色或粉色。如图4.11～图4.13所示，肤色或以金色为底色，或以粉色为底色。

图4.7

图4.8

图4. 9

图4. 10

图4. 11

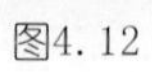

图4. 12

图4. 13

最佳色彩组合：灰色和亮色、橄榄绿和赤褐色、烟叶棕和柔黄、象牙色和桃红、蕃茄红和深棕色、森林绿和金色等。

适合：当穿着中和色，如米色或驼色时，可以在靠近脸部的地方增加一些土红色或绿色来丰富形象。如果头发为深红橄榄色，而且皮肤色调为深米色或金青铜色，那么你可以在调色板上加入黑色。如果灰色或银色头发，那么要用中度灰色至焦煤灰色来代替驼色和棕色。

不适合：不要选择纯白、黑色、各种紫红色或以蓝色为基调的鲜艳颜色。如果头发是黄铜色，则不要选用发光的织物，如缎子，原因在于织物的反光会使你的头发显得黯淡。相反，选用有纹理的织物就会吸收光线，可以衬托出头发的光泽。不要选用以冷色为基调的颜色和各种浅灰色。

4.1.4 冬季型白种女性

冬季型白种女性在四季法划分中具有典型的迷人外表。皮肤色调冷而且浅，通常以粉色为底色，从橄榄色到深橄榄色之间，但有的女性皮肤色调也可能是米色、象牙色或桃色，通常皮肤底色为轻微的金色。这样的皮肤很容易晒成深橄榄色或金铜色。该类型女性的发色范围在深棕色到黑色之间。

这一类型女性的色彩优势在于其调色板的色度范围较广泛。调色板是由冷暖两种色调组成的，而其他类型女性的调色板一般由纯冷色调或纯暖色调的色彩组成，清晰色、原色及冷色调的冰状柔色都会使此类型的女性亮丽无比。所以她们可以根据自己已有的衣服、化妆、心情和社交场合来随意选择冷暖色调的各种颜色。由于这些女性有着极深的发色，可以选择黑色和海军蓝这些色彩。另一方面，调色板上以暖色为基础的颜色，譬如橙红、金黄与深棕色，都与该类型女性的橄榄色或暖色皮肤色调非常协调。

这一类型的女性最佳金属饰品为金或银，最佳白色为纯白。

皮肤：底色为粉色，肤色为瓷色、粉色、带粉色的红色、米色、带红色的红润色桃色、橄榄色。

最佳色彩组合：黑色和白色、黑色和红色、黑色和金黄色、紫色与黄色、海军蓝和紫红色、红色和深棕色。如图4.14与图4.15.中配以白色，或配以黑色来协调。

适合：如果头发雪白而肤色为浅橄榄色，可以运用调色板上除黄色以外所有的颜色。若头发为雪白色或银灰色，而肤色白皙属冷色调，尽量不要再采用强烈而鲜亮的颜色。如果头发正在变白或变灰，棕色将不再是适合的中和色。同时，黄色将与灰或白的发色冲突，而且会使你的皮肤发青色。

不适合：不要选择以暖色为基调的颜色，例如驼色、橙色、红橙色、黄金色、黄褐色，以及所有的柔和色及中等色度的颜色。不要选择任何暗淡的颜色或冰状柔色和浅灰色，这些颜色会使该类型女性的皮肤显出菜色。

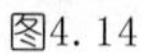

图4.14

图4.15

4.2　亚洲女性的色彩选择

亚洲女性起源于远东的各个角落。她们的祖先各异，可以是日本人、中国人、朝鲜人、菲律宾人、冲绳人、印度支那人，或是东亚或东南亚人的种族部落中的某一支。亚洲女性的祖先也可能是亚洲人之间的混血，或者为部分的亚洲血统。亚洲女性的特征表现在肤色与发色的差异上，这一特征虽然微妙却显而易见。

由于亚洲人自然体色的独特性，亚洲女性皮肤色调的变化范围介于最浅的冷色调（如瓷色）到最深的暖色调（如发金色的青铜色）之间；而发色范围介于浅棕色到蓝黑色和银灰色之间。由于发色较深，亚洲女性适合黑色、海军蓝和白色。大多数亚洲女性的眼睛在色明度上呈中性，色相在浅棕色到黑色之间。在个别情况下，有的眼睛为绿色或浅褐色。亚洲女性在调色板上的颜色包括了从较深的冷色调和明亮的暖色调之间的各种色调。

根据以上特征，将亚洲女性划分为三种类型：冷色调亚洲女性、暖色调亚洲女性、冷暖色调结合的亚洲女性。

4.2.1　冷色调亚洲女性

冷色调亚洲女性的特征有鲜明的蓝黑色头发，或黑灰色相间或黑白相间的头发，或银色或白色的头发。皮肤色调的底色为从粉色到黄色，色调范围包括从冷色的瓷色到较暖的、发金黄

图4.16

图4.17

图4.18

的青铜色，或者象牙色以及橄榄色的肤色。传统的亚洲女性多是乳白色皮肤和乌黑发亮的头发。

这一类型女性的调色板有几种类型，可以选择浓暗的色度，颜色为冷色调，纯净而且强度大，宝石色调的颜色，如红宝石、石榴石、黑玉和天青石色。也可以选择一些明快活泼的颜色。或选择大部分中等色度范围的色彩，冰冷色调而且趋于柔和。冷色调、以蓝色为基础的轻淡柔和色也应是该类型调色板的主体。无论如何，色彩选择的目的是使他人首先注意到的是人本身，是通过服装的色彩对自然体色的衬托。如图4.16中肤色与发色皆为冷色调。

冷色调亚洲女性的最佳化妆是粗糙型的眼影，深红色、深蓝红色、自然色、淡紫粉色或玫瑰红的口红和指甲油。或选择朦胧的粉色、兰花色、灰玫瑰色、柔淡紫色、霜状粉色和薰衣草粉色的口红、腮红。最佳金属饰物是银、炮铜。最佳白色是纯白。如图4.17所示，化妆色为朦胧的粉蓝与粉红色。

皮肤色调：底色为粉色、或黄色、或金色、或粉黄色，肤色为瓷色、玫瑰米色、从浅至深的橄榄色、米色、金黄、粉色、象牙色、白色和青铜色。如图4.18所示，肤色为粉黄色。

最佳色彩组合：紫色和淡紫色、黑色和焦煤灰色、深长春花色和紫红色、翡翠绿和紫色、薰衣草色和海军蓝、黑色和白色、紫红色和黑色、粉色和海军蓝、焦煤灰色和红色。如图4.19所示，肤色搭配白色服装，使其更加白皙。

适合：穿着黄色服装时应注意只能小部分，不能从头到脚。选用金饰物作为配件时要远离脸部，而选用银饰物时则要靠近脸部。单色组合例如紫色和薰衣草色将使人看起来非常出众。应尝试穿着柔和的织物，这些织物能烘托出人的发质和发色。为了增强贤淑形象，应穿表面光滑的细纹织物和紧织的衣料。丝绸、卷曲的棉制品和高雅华贵的织物均非常适合。如果皮肤色调为轻微的黄橄榄色，那么，也可以佩戴些金饰物。

不适合：不要穿以暖黄色为底色的颜色，例如棕色、橙、绿色或米色。不要使用闪光的织物。不要穿着柔和暖色的衣服，例如，铁锈色、橄榄绿或芥末色。避免选用以黄色为底色的颜色，例如，黄绿色、泥土色调的颜色、似黄铜的金色或铜色；驼色、铁锈色、米色或柔和色调。也不要佩戴木制饰物、民族饰物以及像花呢一类的粗织物。

图4.19

4.2.2 暖色调亚洲女性

暖色调亚洲女性，皮肤从浅黄米色或黄橄榄色，到头发的暖棕色，就像夏天阳光一样散发着温暖的气息。有些暖色调亚洲女性的皮肤色调较深，呈发金色的青铜色，发色从橙棕色至黑色。

这一类型的女性选用暖色、鲜艳和喜庆的颜色最为漂亮。其调色板的色调为很暖的中度深色。调色板中的蓝色、红色和绿色中都加有许多黄色，而黄色中又加有红色以显得更暖一些。有些女性的深暖色头发与皮肤色调相一致，显出皮肤呈自然、健康的颜色，可以选择以黄色为基调的底色，如活泼的橙色、草绿色和黄色。总的来说，此类型的调色板为暖色调，色彩鲜艳而强烈。如图4.20与图4.21中的服饰搭配（蓝色中加入橙黄）与肤色皆表现为暖色调。

图4.20

这一类型女性的最佳化妆色需要用暖而红的基调，包括纯红、浆果红、赭色、铁锈红、罂粟红和各种深玫瑰色。

此类型女性的最佳金属饰物是金和铜，最佳白色是纯白或象牙色。

皮肤色调：黄色为底色。肤色为桃红、浅黄米色、橄榄色、发金色的青铜色。

最佳色彩组合：紫色和黄色、红色和海军蓝色、梅红色和紫罗兰色、红色和紫色、黄色和橙色、橙红色和

图4.21

图4.22

蓝色。如图4.22中暖色调的肤色配以红色和紫色。

适合：可以选用大部分的红色，但是要确保所穿的红色服装与化妆品中的红色搭配和谐。为了取得更好的效果，可以在穿着深棕色套装时加上一些亮红色。如果头发开始变灰，则在色调板上除去各种棕色和黄色，再加入各种暖灰色，如中灰至焦煤灰色。

不适合：不要穿轻淡颜色，如冰蓝、浅灰和薄荷绿服装。不要选用冰霜状的口红，不要选用冰状的轻淡颜色作为妆色。不要穿以柔和的冷色调或蓝色为底色的服装，例如柔和的蓝色和绿色、浅灰色和丁香色。避免使用冰霜型的柔和色口红或指甲油。

图4.23

4.2.3 冷暖色调结合的亚洲女性

冷暖色调结合的亚洲女性的外表独一无二的特点是既非暖色调又非冷色调。皮肤色调的底色为粉色或微黄色。皮肤色调的范围从粉色或象牙色到带黄色的微橄榄色。头发颜色则跨越从柔黑色到中性和偏深的棕色，再到发红的深棕色。

由于此类型的女性皮肤为微暖色调，因此,穿冷、暖色任何一种色彩的服装都很漂亮，增加了选择颜色的空间。肤发对比是从中度到高度。如图4.23中肤色为微黄色，发色为柔黑色。

调色板包括了以蓝色为基调和以黄色基调的颜色的组合，这些颜色包括珊瑚红、粉色、黄绿色、深橄榄色和暗灰色，如

图4.24所示。

此类型女性的最佳口红色和指甲油色是红、亮红或淡黄玫瑰色。

此类型女性可以佩戴金、银两种金属饰物，须依身着的全套服装而定。选用最佳白色是纯白和米白，如图4.25所示。

皮肤色调：底色为粉色或微黄色，肤色为米色、浅黄米色、象牙色、浅橄榄色。

最佳色彩组合：深蓝和黄色、暗灰和红色。

适合：头发向上盘起，以显得发色较深，这样会看上去更正式。此时穿着黑白搭配的服装效果较好。

不适合：不要穿柔和的暖色服装，例如芥末黄和翠绿，因为这样的颜色会使皮肤显出菜色(灰黄色)。不要选用薰衣草色和紫红色的口红和腮红，这些颜色对于偏暖的肤色来说显得色调太冷。

图4.24

图4.25

4.3　黑人女性的色彩选择

黑人女性具有非洲血统,有的也会有欧洲、亚洲或拉美血统。

黑人女性的调色板是由其皮肤色调、发色以及肤色与发色的对比决定的。皮肤色调的范围有浅黄棕色到玫瑰色，再到蓝黑色，皮肤色调是决定其调色板的关键因素。眼睛色调范围通常是从浅棕色到黑色的中和色调，是决定其调色板的较次要因素。

黑人女性的调色板包括了大范围的颜色。比较淡而且有反光性的轻淡柔和色与大多数黑人女性的较深色自然体色相比会显得黯淡无光。但是如果她的皮肤色调很浅的话，轻淡柔和的颜色也可以与其搭配。因此将黑人女性分为两种类型：冷色调与暖色调。

4.3.1　冷色调黑人女性

冷色调黑人女性有着冷色调的外观，其浅肤色和深发色非常突出。有些女性的皮肤色调很深，包括从深橄榄棕色到蓝黑色之间的各种颜色。这类女性一般有黑色的头发，有的头发也可

图4.26

图4.27

能是浅至中棕色。即使其发色为暖色调的深棕色，其皮肤的深色也使外观呈现冷色调，所以，其调色板也应该为深冷色调，并且色彩强烈。通常，她们的皮肤底色为红色，肤色为浅至中橄榄棕色之间。脸颊可能带有玫瑰色。其发色的变化范围从中棕色到黑棕色再到黑色。如图4.26中肤色呈现蓝黑色。

该类型女性的调色板是以冷色为基调的。由于她们的肤色和深发色之间相对来说对比强烈，因此，调色板中包括了除冰状的轻柔颜色之外的所有以冷色为基调的各种深浅颜色。例如，宝石色调、纯净、艳丽和较深的颜色、红宝石色、深紫色和黑色都非常适合。

此类型女性的最佳口红颜色和腮红色是冷色范围内的各种红色，例如，亮红、宝石红、木莓色、玫瑰色、白兰地色、浅紫色和紫红色。

此类型女性的最佳金属饰物是银，最佳白色是纯白。如图4.27所示，纯白色与其肤色形成鲜明的对比，更加突出肤色的美。

皮肤色调：红色为底色，肤色为橄榄棕、棕色和蓝黑。通常在脸颊处有玫瑰色。

最佳色彩组合：海军蓝和玫瑰色、黑色和白色、钴蓝和紫红、梅红色和浅紫色、紫红和海军蓝、深紫色和宝石红、焦煤灰色和黑色、翡翠绿和紫罗兰色。如图4.28～图4.31中分别运用合适的色彩组合来衬托冷色调的黑人女性。

适合：如果皮肤色调带有浅黄色，那么除了可以佩戴银饰以外还可以佩戴金饰。尝试带有有趣的民族图案的服饰和首饰，这些能给外观增加艺术性的点缀。当身着深色时，应在靠近脸部的地方增加与它对比较强的颜色。

不适合：不要选用暖色调的、轻柔的或沉闷的颜色；也不要选用米色、驼色或棕色。尽量避免发光的外衣，例如缎类，因为它对脸部的反射太强，从而使外观显得粗糙无光。不要选用轻柔色、暖色

图4.28

图4.29

图4.30

图4.31

图4.32

为基调的泥土色调、各种棕色、米色、芥末黄、米白和乳白色。避免将黄色作为主色，因为它具有反射性的特点会使其皮肤看起来不平滑。

图4.33

4.3.2 暖色调黑人女性

暖色调黑人女性的显著特征表现在肤色上，相对来说此类型的皮肤色调是暖色的，底色为明显的金色。肤色的色度较深，它的范围是从浅黄棕色到浅金棕色。有些女性有着深暖色的金属光泽。范围包括从金色、红色、红褐色到棕色之间的各种颜色。皮肤色调的暖色光泽在外观中起着主导作用，发色对外观的影响居于次要地位。如图4.32与图4.33所示，皮肤色调为暖色调，其中图4.33中的肤色带有金属光泽。

以暖色为基础的金色调色板较适合此类型的女性，原因在于它与她们的自身暖色外观相融合。这一类型女性的调色板上通常是各种各样的暖色、轻柔色和明亮色。各种香料色调如肉桂色、干红椒色和藏红花色都非常适合，有时也可以选择较明亮、清晰和生动的色彩，决不能浑浊或黯淡。

图4.34

如图4.34所示，明亮的淡紫色非常适合暖色调的黑色皮肤。针对她们的肤色来说，较好的中和色是黑色和海军蓝。

此类型女性的最佳口红色和腮红色都以黄橙色为基调，如杏色和橙红。最佳金属饰物是金或铜。最佳白色是米白或象牙色。

如图4.35中运用米色与黑色皮肤进行搭配。

皮肤色调：底色为金色的肤色，肤色为黄棕色、桃棕和金棕色。皮肤可能看上去呈油性。

最佳色彩组合：驼色和珊瑚色、橙色和橄榄绿、橙色和黄橙色、红色和黑色、海军蓝和绿色、橙色和黄色、红色和紫罗兰色。

如图4.36所示，橙色与黄色组合搭配使暖色调的黑人女性更加柔和。

图4.35

图4.36

适合：米白色和乳白色作为中和色。可尝试穿戴一些泥土色调的，印有民族图案的衣服和首饰。可以穿戴闪光的织物、首饰以及用金属的小圆片来衬托皮肤色调反光性强的特点。当选用棕色作为中和色时，在靠近脸部处要增加活泼的红色或黄色。为取得引人注目的效果，可以尝试一些新的、活泼的三色组合。

不适合：不要选用冷色调的轻柔色、各种浅灰色或以蓝色为基调的各种红色。远离米色、乳白色、浅灰色、浅绿色和浅蓝色。避免蓝色和灰色眼影，因为这些颜色会使肤色发青色。

4.4　拉美女性的色彩选择

拉美女性特指南、北美洲的土著人与西班牙人混血的后裔。她们不是来自于某一个国家，也不是来自于某一个大洲。实际上，她们是彼此差异极大的多个种族和文化共生的人种。正是这样的原因，使得很难找出一位具有所有拉美女性特征的典型。但是所有的拉美女性都具有不容置疑的拉丁精神与女性气质，这是她们区别于其他类型女性的地方。

正如她们的多元化种族背景一样，拉美女性在自然体色上也呈现出广泛的多样性。其肤色是决定其调色板的关键，肤色范围从玫瑰米色到深棕色。她们的发色也是决定其调色板的重要因素，颜色范围从金色到黑色。眼睛的颜色也是一大因素，范围从浅褐色、绿色或蓝色到浅棕色和深棕色。如果她们的眼睛是浅褐色、绿色或蓝色，那么在她们的衣橱中就可以着重增加同种颜色的衣服。

几乎所有的拉美女性都能穿黑色服装，因为她们中大多数是深色头发的浅黑肤色型女性。穿着黑色所造成的充分对比使得她们看上去光彩照人。但是，如果头发为很淡的棕色或金黄色，就会缺乏与黑色同等深度的对比色。

拉美女性的着装颜色选择余地很大。实际上，几乎没有哪一种颜色不被包括在拉美女性的某一调色板中。我们也将拉美女性分为两种类型：冷色调与暖色调。

图4.37

4.4.1 冷色调的拉美女性

冷色调的拉美女性独具特色的外观得到冷色调型皮肤的衬托，肤色的范围是从橄榄色到深棕色。有些此类型的女性肤色像红玫瑰的冷色调，为雅致的冷色调。艳丽、强烈和偏冷的色彩最适合她。

如图4.37所示，冷艳的蓝紫色衬托冷色调的肤色。

冷色调的拉美女性的皮肤色调有着粉色或浅黄色的底色或者较深的红色至微黄色底色。肤色范围可以从浅米色到略带黄色的橄榄色。发色可以从深棕色到黑色，或者从蓝黑色到银灰色，使外观呈现出引人注目的冷色调。

调色板由以冷色为基调的强烈颜色组成，明度从极浅到极深。调色板色度范围如此广泛的原因在于肤、发颜色对比强烈，不包含任何轻淡柔和的颜色。有些女性的调色板也包括几种存在于黄色系和橙色系中的活泼的暖色。

此类型的拉美女性的最佳口红色和腮红色是冷色调的红色，如紫红色、深蓝红

图4.38

图4.39

色、宝石红色和玫瑰色。最佳金属饰物是银饰，最佳白色是纯白。

皮肤色调：底色为粉色、红色或微黄色,肤色为红棕色、深棕色、米色和橄榄色。

最佳色彩组合：紫红色和黑色、紫色和晚樱紫、红色和黑色、亮蓝色和白色、浅蓝色和紫色、黑灰色和紫罗兰色、蓝色和紫红色等。如图4.38与图4.39所示，浅蓝色与深色、白色与亮黄色的组合也较适合冷色调的拉美女性。

适合：如果皮肤色调略带黄色，那么既可以戴银饰也可以戴金饰。黑色或白色与调色板上的任何颜色相搭配都会产生非凡的效果。

不适合：不要选用以暖色为基调的轻淡、单调或低强度的颜色。如芥末米色和驼色，它们会使橄榄色皮肤显菜色。如果头发为银灰色，则不要佩戴金饰品。

4.4.2　暖色调的拉美女性

暖色调的拉美女性的特征是整体外观为很暖的色调。表现在金色、浅棕色、红色或红褐色的头发，有些女性肤色显露出金色，颜色范围从黄橄榄色到金棕色。此类型女性的发色也可以

图4.40

图4.41

是中棕色、深棕色、黑色、蓝黑色或灰色。

有些冷色调的拉美女性的浅暖色头发使其闪烁着暖色的光彩。肤色包括从浅冷色到深暖色之间的各种颜色。如图4.40所示，肤色与发色都呈现暖色调。有些女性的皮肤色调为金色，这样使用暖色调也不会造成脸色发黄。因此，她的调色板中也包括亮色的暖色调，但却不包括各种冷色调的柔色或浅色。

有些暖色调的拉美女性调色板上包括极暖的、鲜艳的、强烈的颜色或泥土色调，如果肤色为深橄榄色，而头发为棕色，那么她就应该使用腮红和口红，避免看上去外观颜色不突出。如图4.41所示，鲜艳的桃红色配以金色的饰物，更好地体现了女性高贵的气质。

较适合此类型女性的化妆色是暖色调的亮色，某些女性可以选择以橙红色为基调的暖色，例如铁锈红色。最佳金属饰物是金和铜，最佳白色是象牙色。

皮肤色调：桃红、浅棕、黄橄榄色、棕橄榄色、浅桃棕、金棕色。

最佳色彩组合：森林绿和铁锈红、铜色和黑色、棕色和蕃茄红、红色和亮棕色、蓝色和绿色、紫色和紫罗兰色、黄色和绿色。如图4.42与图4.43所示，黄色与白色、蓝色与白色的组合，同为明亮的色彩，但相对来说，图中黄色与白色的搭配效果更好些。

适合：当头发开始变灰时，可用暗灰色和中灰至焦煤灰作为中和色，来代替驼色和棕色。皮肤色调较深、发色色度偏中性，那么，可将调色板中加入黑色。如果皮肤为棕色，头发也是棕色，那么可以穿深棕色系列服装，但是同时要在棕色上点缀一些亮色，例如红色，可使整体外观鲜亮些。

不适合：应远离冷色调的浅色，例如浅灰系列和冰状的各种蓝色。不要选用冰状的柔和色或轻淡色，这些颜色会在暖色而偏深的整体外表映照下显得色调太冷而且苍白。如果有深棕色的皮肤和极黑的头发，那么就应远离各种棕色，因为它们会使整体看上去单调乏味。

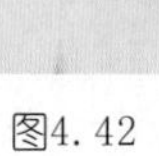

图4.42

图4.43

流行色的概念及其规律

流行色预测理论

国际流行趋势的演变与发展

5.1 流行色的概念及其规律

5.1.1 流行色的概念

流行色，Fshion Colour，意为时髦的、时尚的色彩。它是以社会政治、经济、文化、艺术、科技等为背景的具有时代特征的社会心理反映，随着时代的潮流、社会的风尚变化而变化。流行色具有新颖、时髦、敏感性强的特点，对消费市场起一定的指导作用。如图5.1所示，流行色的表现形式多样，有时以单一的色彩出现，有时充当主色出现，有时以构成色彩气氛(即色调)出现。

一般来说，流行色是在一定地区内，特别受到消费者普遍欢迎的几种或几组色彩和色调，是风靡一时的主销色。流行色存在于纺织、轻工、食品、家具、城市建筑、室内装饰等各方面的产品中，其中纺织产品和服装的反应最为敏感，因为它们的流行周期最短，变化也最快。

流行色迎合了消费者消费审美心理的需要，因此，流行色对消费市场的影响很大。在国际市场上，特别是欧美、日本、港澳等一些经济发达、消费水平很高的国家和地区，流行色的作用更加显著。在这些国家和地区，色彩不单纯是为了装饰美化生活，还有代表社会地位和身份的含义。

流行色的产生与变化，不由个别消费者主观愿望所决定，也绝非少数专家、销售者们凭空想象出来的，它的变化动向受到社会经济、科学技术、消费心理、色彩规律等多种因素的影响与制约。不同国家、种族，由于历史文化背景的不同，都有自己喜好的传统色彩，长期相对稳定不变。但有些长用色有时也会转变，上升为流行色。而有些流行色彩，经人们使用后，一定时期内也有可能变为常用色、习惯色。

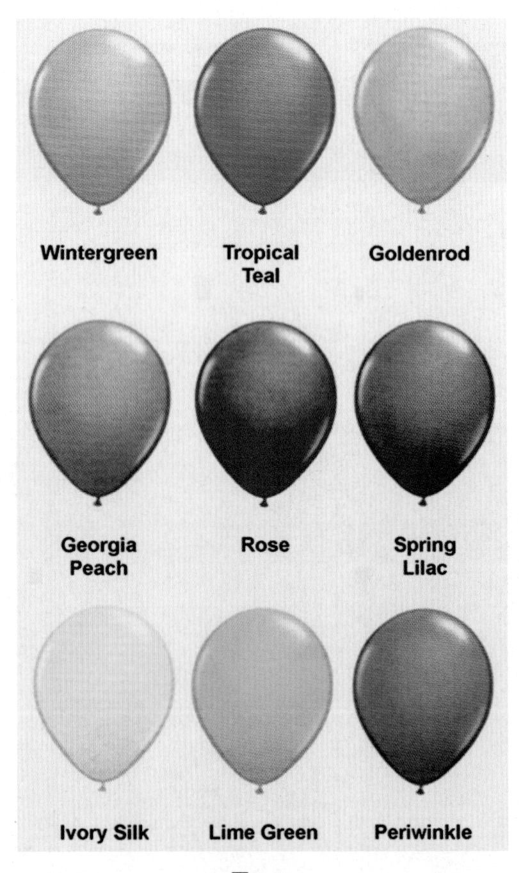

图5.1

5.1.2 流行色的性格

流行色作为现代社会生活中特有的消费样式，广泛地为人们所重视和接受。它之所以能富有

图5.2

图5.3

如此魅力，是因为流行色具有周期性。任何事物的发生、发展和演变都具有一定的规律性。流行色也不例外。它的变化规律从色相关系上讲为互补转换，从明度关系上讲为明暗转换，从纯度关系上讲为灰艳转换，从色性关系上讲为冷暖转换。流行色有周而复始的周期变化规律，但这种转换决不是简单的重复。例如大红色在若干年后出现时，就会在明度和纯度上有所变化，可能是砖红色，也可能是锈红色，始终能给人以新鲜的感觉。

日本色彩专家认为：流行色大约7年为一个周期(人的新陈代谢以7年为周期)。流行色的孕育期大约为一年，1.5～2 年为盛行期，2 年以后走下坡，3～4 年为过渡期，5.5 年左右为最低谷，6～7 年开始回升，7年以后又出现第二个循环。

虽然流行色会产生周期性变化，但决不会出现简单的重复。由于时代的不同、人们审美观念的变化、色彩被赋予的情感内涵的不同，以及流行契机不同，必然使色彩流行的转换带有一定的复杂性，也就是说，色彩流行的规律决不会有固定不变的模式。

流行色结合流行图案、流行款式进行综合设计，不但能使各种要素相得益彰，还更具有强烈的新潮感，刺激人们的购买欲望。

如图5.2与图5.3所示，流行色的灵感大多来自于大自然美景的启迪，每次发布的色彩都冠以动听而富有诗意的美名，例如海洋湖泊色、沙滩贝壳色、紫藤丁香色、大西洋的神秘岛色，这些富有情调的色彩名称，给人留下深刻的印象，从而可以吸引更多的消费者。

流行色能反映社会的变化状况。经济高速发展时，流行色变化也比较正常、平稳、多彩，而一旦经济发展转入低潮，流行色的变化就会变

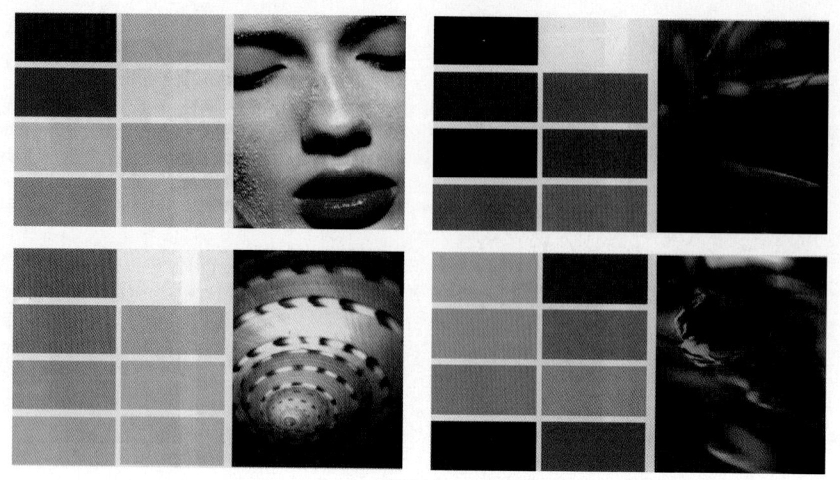
图5.4

得比较不稳定，色彩也单调。如图5.4中为2005年春夏流行色趋势。

5.1.3　流行色的预测

流行的主题本质上是一种有强大生产企业集团支持的专家级流行方案。因而，任何流行色的发布，面料趋势的推出，服装流行趋势的亮相都伴随着主题的确立，在某种程度上可理解为流行的定位。流行色彩是流行时尚中最为敏感的因素。

流行色的预测必须由工商业和色彩专家等多方面的共同合作完成，更需要研究世界流行色潮流的预测发布组织以科学的态度从事这项工作。

作为预测专家，必须具有丰富的经验和阅历，对客观市场趋势具有敏锐的洞察力和较强的直觉判断力；对色彩训练有素，有较高的配色水平和艺术修养；能深入生活，摸透消费者心理，掌握大量的情报资料。

5.1.4　服装色彩的流行规律分析

5.1.4.1　流行色的变化动态

法国时装设计大师迪奥认为：“流行是按一种愿望展开的，当你对它厌倦时就会改变它，厌倦会使你很快抛弃先前曾十分喜爱的东西。”

根据流行色演变的实际情况分析，流行色的变化周期包括四个阶段，一般分为：始发期、上升期、高潮期、消退期。整个周期过程大致经历5～7年，其中高潮期内的黄金销售期大约为1～2年。但是，周期变化的时间长短，则由于各国、各地区的经济发展水平不同，社会购买力和对色彩的审美要求不同而各有所异。通常在发达国家的变化周期快，发展中国家变化周期慢，某些贫困、落后的国家和地区，甚至没有明显的变化。

就流行色而论，变化是绝对的，但如何变化，又带着许多相对的因素。因为流行色的形成是建立在人们对色彩视觉上的兴奋和抑制、衣着上追求时髦的心理基础之上的。当一种色彩倾向达到高峰时就会产生不满足，就需要一种新的色彩趋向来进行补充。色彩流行中客观存在着一种自身规律的变化，其往往受到社会政治、经济、文化等各方面，特别是各种社会思潮的影响，所以色彩流行变化有一定的规律性。

以红色为例，2000年我们预测2001/2002年秋/冬是以明度较低、艳度中等的绛红色系列为重点。预测2002/2003年秋/冬，红色的艳度明显提高，达到了顶峰，饱和度极高的红色体现出人们对个性化色彩的追求。而2003/2004年秋/冬的红色，我们预测是降低了艳度的红色，“宝石红”、“砖红”及“含灰的紫红”在朦胧中散发出华丽而又含蓄的味道，这一灵感来源于落日余辉映照下的环境色彩。一般来说，流行色的高峰期将维持1年到1年半，有的色彩流行的时间也许会长一点。2011年春/夏的国际流行色见图5.5、图5.6。

1）色相趋势：流行色的色相周期性变化规律，必须在长期记录、积累每个时期的流行资料的基础上，进行综合分析，才能找到其变化轨迹。这是我们准确预测各地区流行色的重要依据。

色相变化，新出现的色相与原有色相在色相环上会产生一定的距离，它们总是各自向相反(互补)方向围绕中心点做转动，即出现暖色流行期和寒色流行期之间的相互转换。这种转动一般是渐变的、顺向的，有时也可能是跳跃的、逆转的。而在转换的交替过程中，必将产生多种色相的多彩活跃期，且以中间色调作为主要色彩特征。

由于人们在消费过程中，对纺织品和服装的色彩要求不断加以更新，以达到生理及心理的平衡与补充。而色相在色彩诸要素中，是最容易引起人们注意的首要因素。一般消费者最敏感与关心的是正在和即将流行的色彩。

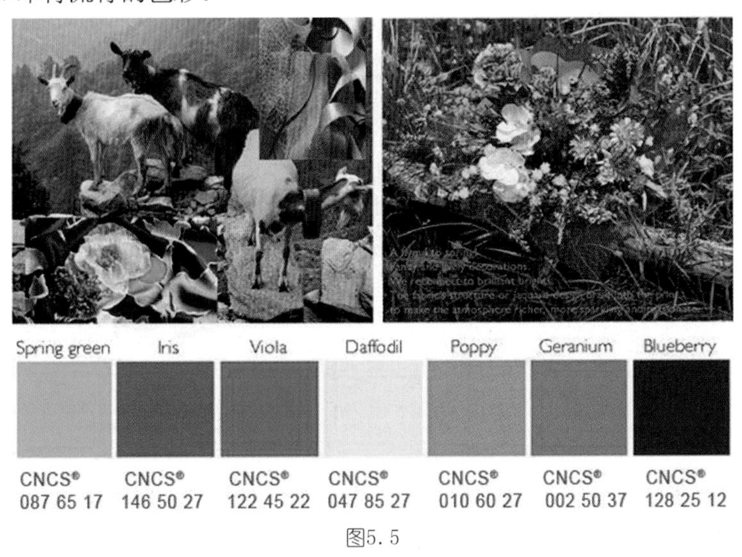

图5.5

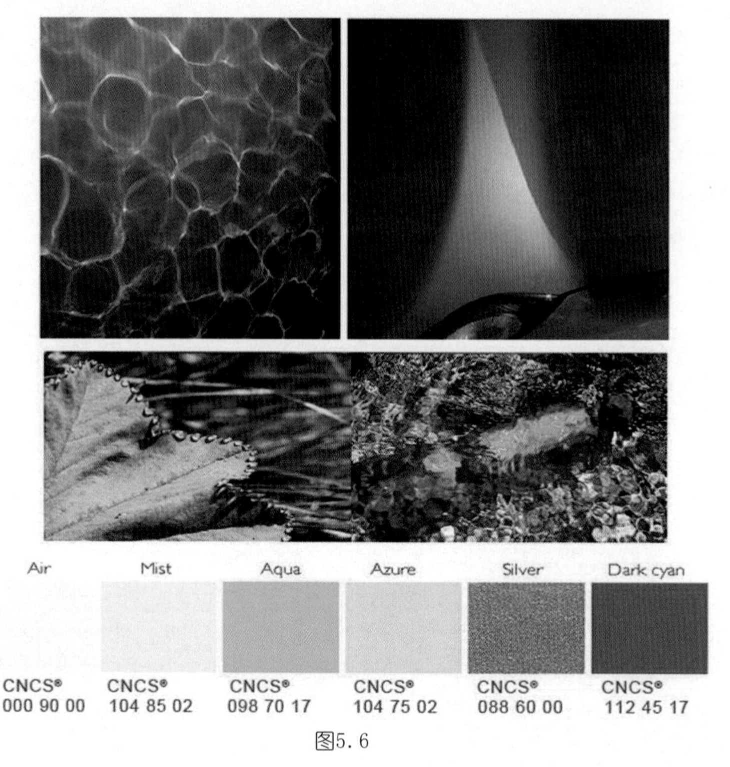

图5.6

2）色调趋势：流行色除了色相转换外，还存在着明度、纯度变化的基本规律。两者综合即成色调趋势。人类的视觉器官不能长时间地接受强烈的光线刺激，同样也不能老是处在缺少光线的黑暗环境之中，否则，视觉感受就会产生疲劳。因此，为适应人们对色彩享受的心理需要，舒适和新鲜成为主要的条件，流行色的明度和纯度变化势必成为“物极必反”而走向其对立面。同时，作为视觉的适应，人们从明亮处突然进入黑暗的房间，最初什么也看不见，视网膜感度增大后才能辨认四周的物体，称为暗适应。相反，由于明亮感、视网膜感度降低，称为明适应。因此，在流行色的明度、纯度高低之间的转化过程中，又必然会出现中明度、中纯度的过渡期，以作宏观的顺应。

3）配色动态：研究和预测流行色的最终目的，在于利用流行色为社会创造更大的经济效益和社会效益。为此，在创作中必须努力运用流行色进行组配。

如何识别流行色卡呢？国内外各种流行色研究、预测机构每年都要发布1～2次流行色预测报告，并以色卡的形式，广泛地进行宣传和传播。分析每种色卡，大致可分成若干色组：

（1）时髦色组：其中包括即将要流行的色彩(始发色)，正在流行的色彩(高潮色)，即将过时的色彩(消褪色)。

（2）点缀色组：一般都比较鲜艳，而且往往是时髦色的补色。

（3）基础及常用色组：一般都比较鲜艳，而且往往是时髦色的补色。

如何运用流行色进行配色呢？按照流行色卡提供的色彩进行配色，实际就是一个定色变调的课题，其中有着千千万万的变化，个人主观发挥的余地极大，但在面积分配上应注意：组配服装色彩时，面积占有时的主调色要选用始发色或高潮色，若用花色面料，应选择底色或主花为流行色的面料，而作为流行色互补的点缀色，只能少量地加以运用，为使整体配色效果富有层次感，应有选择地适当使用无彩色或含灰色作为调和辅助色彩。

在保持色相特征不变的前提下，通过流行色彩的明度变化及纯度变化，分离派生出更多更丰富的系列色彩。

以年轻女性为对象，时髦、新潮形象多使用流行色为主色，适当组配点缀色和调和色。传统形象以及中老年人则应使用无彩色、常用色、调和色为主色，局部用流行色作点缀，这样既能体现一定的流行感，又能被传统观念所接受，从而使流行色的范围得以扩展。

5.1.4.2　流行色变化的因素

1）季节：许多颜色被公认为适合一年中的某一段时间和某种特定的气候。比起较深较富丽的秋冬色来说，春夏色要浅一些，鲜艳一些，可是春夏也有深色，秋冬也用浅色（见图5.7～图5.10）。

2）所在的区域：城市中的色彩比较老成，而阳光地带的服装则比较鲜艳，比较随便。鲜艳色系，特别是传统的非正式式样在东部和南部较为流行，代表色是鲜粉红色、草绿色、黄色和纯海军蓝。

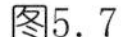
图5.7

图5.8

图5.9　　图5.10

3）生活方式：就服装而言，职业妇女的服装在颜色上多半是中性色，这样式样不会因个性或是工作地位而差别太大。而对于那些家庭主妇的衣服而言，她们选择服装的式样和颜色就要自由得多。

4）价格：比较贵的衣服往往比较时髦。这不是说它们更亮一些或是更暗一些，而是指它们有的色彩组合比较夸张，或者更具特色和个性。在时装循环的后期，这些颜色将有所改变，已被更广泛地接受。最新潮的服装比价格适中的服装能更快地反映欧洲的潮流。

5）多样性：设计师不停地改变色彩的概念，因为颜色是刺激消费者追求新时尚的一个有力武器。色彩的多样性刺激了额外的销售，给予顾客更广泛的选择空间。

6）色彩预报：对时装设计师和零售商来说，最早的色彩预报来自皮革公司，因为印染、设计和加工皮革制品需要大量的时间。时装广告和面料生产商也提供每个季节的色彩预报。时装设计师通过专业的资讯把这些流行的色彩运用于产品、市场及消费者。

5.2　国际流行趋势的演变与发展

5.2.1　流行色机构的发展

流行色是在1915年由美国的生产、经营者提出的。作为国际性的流行色根源的色彩研究机构，影响力波及各国，是历史最悠久的权威性流行色研究机构。稍后，法国、德国、日本等也都陆续成立了流行色的研究和发布机构。

20世纪60年代，各国为了进一步加强合作，扩大观察调研的视野，由法国、日本、瑞士等国发起成立了国际流行色协会，在促进流行色信息交流、扩展发布范围等方面，起了很大作用。目前，世界上许多国家都成立了权威性的研究机构，来担任流行色科学的研究工作。如英国色彩评议会(British Colour Council)、美国纺织品色彩协会(American Textile Association)、美国色彩研究所(American Colour Authority)、法国色彩协(L' official Delacourleur)及日本流行色协会等。1963年，英国、奥地利、匈牙利、荷兰、西班牙、联邦德国、比利时、保加利亚、日本等十多个国家联合成立了国际流行色协会(Inter Colour)。中国于1982年加入该协会。

国际流行色的预测是由总部设在法国巴黎的“国际流行色协会”完成。国际流行色协会各成员国专家每年召开两次会议，讨论未来18个月的春夏或秋冬流行色定案。协会从各成员国提案中讨论、表决、选定一致公认的三组色彩为这一季的流行色，分别为男装、女装和休闲装。国际流行色协会发布的流行色定案是凭专家的直觉判断来选择的，西欧国家的一些专家是直觉预测的主要代表，特别是法国和德国专家，他们一直是国际流行色界的先驱，他们对西欧的市场和艺术有着丰富的感受，以个人的才华、经验与创造力就能设计出代表国际潮流的色彩构图，他们的直觉和灵感非常容易得到其他代表的认同。按照惯例，国际流行色委员会将提前20个月召开各成员国专家参加的会议，讨论未来流行色趋势，形成共识观点，但这是不对外公开的。但是，各国情况不尽相同，要在全球范围内把流行色完全统一起来，几乎是不大可能的，色彩代表人的情感活动和情绪变化的需求，流行色灵感来自色彩形象思维的探索。国际流行色委员会专家会议制定色卡，只是指出国际性总的色彩流行趋势，供会员国根据本地区、本公司实际情况来决定自己的具体应用配色方案。所以，以意大利、美国等为中心的地域性流行色组织，都各自发布相应的流行色卡，对色彩流行主潮流进行补充和延伸。在5个月之后，国际流行色委员会的成员机构可以根据自己的特点，推出对流行色的预测。如每年6月上旬巴黎的国际纱线展、10月香港的面料展等，法国的PV等专业展会将从不同角度把对来年秋冬季流行色的观点展现在公众面前。一些专业机构及大型公司，如国际羊毛局、美国棉花公司、美国杜邦公司等也根据各自的特点发布1年以后的流行色。

由于不同国家及地域所形成的色彩观的差异，因此色彩的选择必须有针对性，要针对特定的产品与特定的市场来选择。中国流行色提案与国际流行色提案进行比较，我们可以看到：中国的特定环境决定了中国流行色与其他国家流行色不同的发展方向。中国的流行色是由中国流行色协会制定的，他们通过观察国内外流行色的发展状况，取得大量的市场资料，然后对资料作分析和筛选而制定，在色彩定制中还加入了社会、文化、经济等因素。 因此，国内的流行色相比国际流行色更理性一些，而国际法流行色则有个性，略带艺术气息。

5.2.2 国际流行趋势的演变

色彩流行总的趋势向自然色和古典色发展较多，同时多彩色与无彩色配合主调色流行的交错状态更为明显。色彩的变化不仅停留在色相的转换上，明度、纯度的色调变化亦更加细腻复杂。在吸收自然色彩时，不是简单的生搬硬套，而是从中选配富有现代感的合适色彩。至于仿古色彩的运用，除了从宗教、文物中吸取营养外，抽象画中含有深奥情趣的色彩也成了众所追求的色调之一。从2002年10月起，中国流行色协会与美国Pantone公司和荷兰《VIEW》三家在《PANTONE VIEW COLOUR PLANNER》共同推出一本权威性色彩指导书《流行色展望——2004年春夏》，对2004年春夏的预测归纳为：色彩无季节性；色彩更强调混合，而不是对比；单一的色相也能充分表现丰富的色彩感觉；在配色中，红色是“催化”作用，而不是视觉的震撼；旧的和褪色的作用不再像过去那样重要；强调色调的互补和平衡，而非刺激和强烈的对比。

这与国际流行色专家会议确定的色彩倾向是一致的，只是它更加具体和实用，强调配色的效果。如图5.11至图5.14所示为2004年春夏女装，很好的阐释了该季流行色的特征。

总之，2004年春夏是对比的，不同风格之间相互作用，经典的配色受到挑战，透明的塑料色、酸性色给人以快乐和充满魅力，亮丽的色彩比例明显增加，清新而富有活力，以弥补经济萧条产生的压抑和动荡。

5.2.3 流行色预测理论

色彩是流行中最引人注目的形态要素，它不仅能引起视觉的快感，给予情绪愉悦，同时，它还具有一种感情，能引伸出社会性内容，形成联想。

近年来，世界各国的流行研究机构在推出新的流行色方案时，基本上都是采用主题性提示的方法，然而，这种定性不定量的研究却使人很难掌握其规律性。

图5.11

图5.12

图5.13

图5.14

流行色的预测涉及自然科学的各个方面，是一门预测未来的综合性学科，人们经过不断的摸索、分析，总结出了一套从科学的角度来预测分析的理论系统。

1）时代论：当一些色彩结合了某些时代的特有特征，符合大众的认识、理想、兴趣、欲望时，这些具有特殊感情力量的颜色就会流行开来。如：20世纪70年代由于尼克松访华引起的中国热，带领了中国及东方特色的传统色彩风靡于世；由于近些年环境污染的不断加剧，海洋色、水果色及森林色等源于自然界的色彩组合为大众所喜好。

2）自然环境论：随着季节、自然环境的变化对人的影响，不同季节中人们喜爱的颜色也随着环境的变化而改变。国际流行色协会每年发布的流行色也分为春夏季和秋冬季两大部分，春夏的比较明快，具有生气，而秋冬的则比较深沉、含蓄。

3）生理心理论：对于流行色的研究必须要考虑人们的审美心理，人们反复受到一种颜色的视觉刺激一定会感到厌倦，从色彩心理学的角度来说，当一些与以往的颜色有区别的颜色出现时，一定会吸引人们的注意、引起新的兴趣。

4）民族地区论：各个国家、各个民族由于政治、经济、文化、科学、艺术、教育、宗教信仰、生活习惯、传统风俗等的因素不同，所喜爱的色彩也是千差万别的。中东的沙漠国家，由于绿地稀少，几乎所有的国旗上都有绿色的标记；法国人对草绿色有很强的偏见，因为这能让他们想起法西斯的陆军军服等；中国人对于红色的偏爱恐怕是一些欧洲国家所无法想象的……

5）优选论：优选论的观点是从前一年的消费市场中找出主色，构成下一年的流行色谱，这是因为色彩的流行常带有惯性的作用，它是非颠倒建立在市场统计的理论基础之上。

参考文献

[1] 李莉婷.服装色彩设计[M].北京:中国纺织出版社,2000.
[2] 大智诰(日).设计色彩知识[M].北京:科学普及出版社,1986.
[3] 凌继尧,徐恒醇.设计艺术学[M].上海:上海人民出版社,2000.
[4] 阳明书局编辑部.男装、女装配色全书[M].阳明书局,1988.
[5] 南云,治嘉.色彩印象图典[M].世界图书出版公司,2002.
[6] 莱斯理·卡布戈(美).色彩搭配[M].上海画报出版社,2001.
[7] 姚晓东.色彩传递[M].南昌:江西美术出版社,2003.
[8] 朱琳,王君.设计色彩搭配手册[M].上海:上海画报出版社,2002.
[9] 明天创意设计工作室.设计选色标准图典[M].上海:上海科学普及出版社,2002.
[10] 比格出版有限公司.配色事典[M].北京:中国建材工业出版社,2001.
[11] 龚忠德. 实用色彩设计手册[M].上海科学普及出版社,2001.
[12] Donna Fujii(美).色彩与形象——全面自我形象设计[M].北京:中国纺织出版社,2000.
[13] 吴帆.形象色彩学[M].上海:上海交通大学出版社,2004.
[14] 黄元庆.服装色彩学[M].北京:中国纺织出版社,2001.
[15] 蓝先琳.造型设计基础——色彩构成[M].北京:中国轻工业出版社,2001.
[16] 李莉婷.色彩·构成·设计[M].安徽美术出版社,1999.
[17] 黄国松.色彩设计学[M].北京:中国纺织出版社, 2001.
[18] 荣梅芳.流行色的色调与情调[M].安徽美术出版社,1998.
[19] 李萧锟.色彩的探险[M].汉艺色研,2001.
[20] 大智浩.设计的色彩计划[M].大陆书店,2002.
[21] 李萧锟.色彩的管理[M].汉艺色研,2001.
[22] 卡洛尔·杰克逊(美).服装·色彩·美容·魅力[M]. 北京:经济日报出版社,1992.
[23] 琳达·麦瑞迪斯(英).化妆的魅力[M]. 北京:机械工业出版社,1996.
[24] 王蕴强,马玖成.色彩·服饰与美[M].北京:中国轻工业出版社,1996.
[25] 马金秀,张杰,文皓. 服装色彩搭配[M].杭州:浙江科学技术出版社,1994.